不纠结的修行

小池龙之介
漫画・铃木Tomoko

文化发展出版社
Cultural Development Press

图书在版编目（CIP）数据

不纠结的修行 /（日）小池龙之介著；李颖秋译. — 北京：文化发展出版社, 2013.12
ISBN 978-7-5142-0963-1

Ⅰ. ①不… Ⅱ. ①小… ②李… Ⅲ. ①人生哲学—通俗读物 Ⅳ. ①B821-49

中国版本图书馆CIP数据核字（2013）第279038号

版权登记号 图字：01-2013-0735

不纠结的修行

作　　者：（日）小池龙之介
漫　　画：铃木智子
摄　　影：佐藤克秋
译　　者：李颖秋

责任编辑：王　彦
特约监制：赵　菁
特约策划：孙小美
特约编辑：王　叶
装帧设计：亿点印象
版式设计：刘珍珍
出版发行：文化发展出版社（北京市翠微路 2 号　邮编：100036）
网　　址：www.wenhuafazhan.com
经　　销：各地新华书店
印　　刷：河北鹏润印刷有限公司

开　　本：635mm × 965mm　1 / 32
字　　数：151千字
印　　张：6.5
印　　次：2014年5月第1版　2018年4月第11次印刷
定　　价：29.80元
I S B N ：978-7-5142-0963-1

文治

© wénzhì books

更好的阅读

序言

恐怕这个世界上没有人会说如此奇葩的话：“我喜欢用一颗纠结的心来折磨自己。”

无论是谁，我们至少从主观意志上来说，都不想自己为难自己。

可事实上，我们人类就是这样一种生物，经常会为了一些根本不需要生气的事情大动肝火，为一些根本不需要担心的事情杞人忧天，为一些根本不需要反悔的事情悔恨交加。人就是这样，经常做事与愿违的事情，这是因为在我们的深层心理中，一直有“自虐”的冲动在起作用。

在折磨自己为难自己的过程中，大脑会分泌出大量让我们感觉不愉快的脑内麻药。在这些麻药的刺激下，虽然我们每个人都能感觉到“烦躁”“不安”等各种负面情绪，但从心灵的构造来看，还是喜欢获得大量的刺激，所以，即使是不愉快的刺激，也会受到欢迎。

比如说，遇到工作开展不顺利、被别人翻白眼瞧不起、自尊心大受打击的时候，任何人都会感觉很糟糕，都会想尽快摆脱这种心境，让自己马上打起精神来。但实际上，一个小时后，甚至半天时间过后，可能还依然沉浸在痛苦之中，大脑里还在翻来覆去不停地想："惨啊，在这个节骨眼儿上犯了如此低级的错误，真是太不可饶恕了。从今以后大家都不会再信任我了……"

原本只是在现实生活中遭受了一次小挫折而已，在大脑里却不断重复、反复回味，这只能说明人们的内心深处其实还是喜欢这种折磨的。我认为这是与我们人类作为一种生物，具备一些与生俱来的生存本能有关。对于自身的生存有负面影响的事情，人类会本能地想要逃离以此来保命。当我们身处不愉快的境地时，大脑内部会反射出制造不愉快感的命令，也就是不断向我们发出"危险啊，快逃啊"之类的警告。而从生物的构造来讲，发射这种不愉快的信号是对生存有益的。因此，可以说大脑本能地感知并发出各种不愉快的信号未必不是件好事。

这些让我们感到纠结痛苦的信号能够帮助我们回避危险，对我们的生存是有益的，这些都是事实。那么，为什么我们每个个体会因此而将只经历过一次的负面信息反复回味、深刻记忆，甚至发展到了自虐的程度？从这一点来看好像还是有点说不通。

为了记住那些对自身有负面影响的信息，反复刺激自己，重复制造痛苦的神经反射，如果这样做有助于回避危险也就罢了，可是如果为了工作上曾经的小挫折懊悔不已，今后凡是遇到重要的工作就不自信，反而会多出很多困扰。在人际关系上同样如此，偶尔被朋友说了几句难听的话，就因此而产生逃避心理，最终也会影响到自己在人际交往上的自信心。

这样一想，原本是有助于回避危险的“痛苦的神经反射”，一旦失去控制，放任自流，就会发展成“对痛苦的回忆挥之不去”“觉得自己做什么都不行”“养成逃避的习惯”。这样岂不是更危险。

一旦“痛苦的神经反射”不断地被激活，甚至成瘾，情绪就会变得很容易兴奋，动不动就纠结着急，动不动就躁动不安，动不动就生气发怒，于是，心灵的宁静就完全被破坏了。

这种让心灵陷入如此“不快状态”的脑内麻药，其实就相当于有毒的白粉，即使你原本很讨厌它，还是会不由自主地一而再、再而三地陷进去。这种“瘾”一旦无限制地发展下去，其实就是佛教中所说的“作孽”。

随着“痛苦之瘾”越陷越深，心境就会变得越来越浮躁。表现在对待他人的态度上，也会在不知不觉中变得无法淡定，无法游刃有余。这点会对人际交往产生巨大的负面影响。

原本是为了保命而设置的人体的“痛苦”本能，在带有麻药性质的神经的腐蚀下，一旦放任自流，任其发展，后果将不堪设想。所以必须要控制，我们非常有必要尝试着通过一些心灵练习来让自己不再纠结。这就是本书的中心主题。

如何摆脱内心的痛苦，如何走出纠结的心境，关于这方面，佛陀释迦牟尼曾留下大量的经典智慧语录。在本书中，我们将以佛陀的经典语录为线索，探寻如何在现代社会中告别纠结，愉快生活。

距今两千五百年前，佛陀在菩提树下大彻大悟时，被称为“觉悟者”。在当时的印度，他曾经到处游历，传授各种修身之道。

佛陀传授给他的弟子们的教诲都收录在《四谛八正道》里，所有的内容一言以概之，就是“找到痛苦的病原菌再进行治疗”。换个说法，其实就是“终止痛苦、告别纠结的心灵练习法”。

在一个名为卡萨的村庄里，当地的村民们曾问佛陀：“如何判断谁说的是对的，谁说的是错的，能告诉我们判断的基准是什么吗？”佛陀简洁而又明快地回答：“如果是增加痛苦的那就是错的，如果是消除痛苦的那就是对的。”

也就是说，在判断世事时，真正重要的尺度，其实是非常简单的。只要用身心去体会痛苦的增减就可以了。用“痛苦”这张试纸来测试，如果能做出让自己摆脱痛苦的选择，我们就能稳定心态，走向幸福。

但现实生活中，我们往往不会有意识地去感受痛苦的信号，也不会有意识地用自己的身心去体会，我们总是很随意地行动，很随意地说话，很随意地思考。也就是说我们总是习惯于无意识地去行动，去说话，去思考。

正是因为这种无意识的、任意随性的习惯，让我们总是陷入只会给自己增加痛苦的消极的思考模式中，并让自己的言行也随之模式化。

比如说，当我们不知不觉在别人面前天花乱坠地吹了一大堆牛之后，往往事后会不停地反悔，觉得自己表现得太轻浮了。这种消极的思考模式除了增加痛苦之外毫无益处。

再比如说，有时候当我们想拒绝某项委托时，往往会无意识地说一大堆虚伪的话：“我真是很想帮您，可是今天确实太不巧了，工作特别忙，所以真的很遗憾。（真实的心声：其实我很闲，但我就是不想帮你的忙。）”我们没有意识到，其实虚假谎言和真实心声的矛盾也会增加我们的痛苦。

再举一个例子，当你坐在椅子上工作感觉到疲劳时，不知不觉中就不那么在意自己的姿态了，背越来越弓，而弓背其实只会增加颈椎的负担，让你更容易感觉疲劳。

如此这般，思考模式也好，言行方式也罢，如果放任自流，就会在不知不觉中朝着增加痛苦的方向发展。这里需要引起注意的一点就是，我们没有正视自己痛苦的现实，反而在头脑中产生一种“这样应该会更轻松”的错觉。

在这三个例子中，“只要后悔了，今后就不会再犯类似错误了”“用谎言来掩盖的话，对方就不会觉得很难受了”“把背弓起来就能感觉到紧张感消除了”，这些全部都是错觉。

事实上，这三种想法都是在增加痛苦。大脑内部所深信不疑的“轻松感”“爽快感”，完全是在无视身心所处的现实状态的前提下产生的错觉。如果停下来，下意识地留意一下自己的身体和心灵，你马上就会意识到其实真实的感受只有痛苦。

如果此时能够直面现实，让自己意识到痛苦的真实存在，错觉就会逐渐地瓦解。而一旦摆脱了错觉的控制，意识到现实中的痛苦，自然而然地也就会转变，不再随意地说话、任意地行动和思考。

因此，重要的是摆脱头脑中已形成的成见和偏见，在日常生活的各种小细节中，先让自己有意识地去辨别痛苦的体验。

于是，你就会逐渐意识到自己原本喜欢的思考和言行模式实际上非但没有让自己过得更轻松，反而让自己更痛苦了。不仅仅是用大脑，而是要用自己的身体去体会痛苦，才能逐步改掉自己惯有的思考和言行模式，才会获得身心的放松。

这种“告别痛苦的练习”，就是用自己意志去控制那些产生不快感的神经反射。

当你意识到原来自己曾经在不知不觉中有过这么多痛苦的体验，你对痛苦的认识就会发生巨大的转变，本书的目的也就达成一半了。

那么，给予我们这一心灵练习法之灵感的佛陀又是个什么样的人物呢？大多数辞典和教科书上都写着，他是“佛教的开山鼻祖”“迦毗罗卫国的王子，29岁时抛妻弃子出家修行，35岁在坐禅中开悟，80岁临死之前还在指导弟子”之类的文字。

本书没有把佛陀当作“佛教的开山之祖”这样一个高高在上的存在来神化、来膜拜，也不想把读者朋友们限定在“佛教”这一框架之中。佛陀本人就非常抗拒对他自身的个人崇拜。他曾多次强调：“千万不要过于依赖我，要根据你们自身的感觉来体会判断。”

也就是说，本书不是宗教类也不是佛教书籍。本书旨在通过聆听佛陀这位古代大师所留下来的“言行录”，力图从中找到值得生活在现代社会的我们学习的、对我们的生存有益的工具。佛陀的教诲，无非是帮助我们渡过那条名为“纠结”的河流的竹筏，也就是说，我们只要把佛陀的教诲当作一种能让我们活得更好的工具就可以了。

接下来，就让我们一起来穿越这条名为“纠结”的河！

目录
CONTENTS

不 纠 结
的 修 行

第一章

调整你的人际关系

保持人与人之间适当的距离感

Lesson 1
直面非议

当你听到有人说你坏话并因此而感觉很受伤时，最好可以想开点。坏话不是现在才有的，坏话是从原始社会开始一直都存在的。

文静、沉默寡言的人，会被说成“像个呆子”，而能说会道的人会遭到“油嘴滑舌”的指责，就连注重礼节说话毕恭毕敬的人也会被说成是“别有用心”。

人都喜欢挑别人的毛病，哪怕对方做得很完美，也要鸡蛋里头挑骨头。这就是世道。

“从来没有被别人说过坏话的人”，在人类漫长的历史中从未出现过，而且，无论是现在还是将来，这样的人永远都不会出现。

《法句经》227～228

每当我遭遇非议和指责时，我经常会想起这段话。

如果我只是面对十个人说话，有可能这十个人都会赞同我说的。而当我面对的听众再翻一倍变成二十人时，随着听众人数的增加，得罪人的概率也会随之提高。

尤其是像佛陀这样世间妇孺皆知的名人，虽然深受大部分人的拥戴，但也不可避免地遭受过严厉的批判，甚至诽谤和中伤。类似的经历和场景在佛教典籍中记述颇多。

当一个人的想法被越来越多的人所熟识时，百分之百注定会有人站出来唱反调。这是无法避免的。

因为人的喜好千差万别。世间注定有人喜欢热闹，也难免有人讨厌聒噪。人心各有喜好，这点是无法改变的。当你在表达自己喜欢的某件事情时，难免会在无意中触犯到某一些人。所以在这世上，任何人都会无可避免地得罪人，任何人在一生中都会遭遇到指责和批判。

无论是过去，还是现在，甚至将来，在世界的任何一个角落，都不可能出现一个完美到不会被人说一句坏话的人。

现代社会，通过互联网上的各种社交工具，每一个人都可以面向不特定的多数人发表自己的意见，也会因此经常遭到指责和批判。

当你在网络上的发言遇到否定性的评论时，当有人指责你的主张和想法时，你可能会因此而纠结，感到痛苦不已。甚至严重的话会因此而伤心、动怒，以至于持续很长一段时间无法安心生活。

之所以会产生这种心理，是因为在我们的潜意识里，一直存在一种自高自大唯我独尊的妄想。“如此伟大的我怎么可以被否定呢？我无法容忍别人都不认可我的意见。”

虽然很多现代人都有相对主义的意识，都认同“每个人都有各自不同的意见”，但内心深处还是保持着幼稚的思维方式，很强烈地觉得只有自己的意见最正确，只有自己的想法是最了不起的。

虽然口口声声地说“萝卜白菜，各有所爱”，也都明白其中的道理，但这些都是表面文章，潜意识里的想法却是完全相悖的。这点甚至连自身都没有意识到。也就是说，很多人在潜意识里还是不自觉地认为“自己的想法，必须得到所有人的赞同”。

于是，在现实生活中，当出现和自己唱反调的人时，大脑内的妄想就会破灭，心灵就会因此而遭受到重大打击。

如果你讨厌这种被否定的感觉，那放弃对自身想法的过度执着就好了。就是因为我们的潜意识中总是期待着赞赏而不是指责，所以我们很难改变这种心态。

我们总是希望得到周围人的认可，是因为我们的大脑内部一直存在一个深深的烙印，觉得“我的意见就是正确的”。因此，我们经常会忘记有可能会存在遭遇到否定和指责的风险。来自周围人的认可，让我们乐观地沉浸在自我营造的妄想之中，误以为自己的所思所想全部都是对的。

无论你做得有多完美，总会有人对你抱有反感，这是无法避免的

当你表达自己的意见时，注定会遭到一部分人的反对，这是理所当然的。因为即使是在有着类似喜好的圈子之中，不同的人也会有完全不同的背景和

各自的记忆构造。

比如说，同样喜欢欣赏某段音乐的人中，每个人听到这段音乐时所想象的场景、和谁一起聆听、在什么样的季节聆听、聆听时的心境都不一样，同样的音乐带给每个人的回忆也都不一样。

因此，假设有一百个人喜欢欣赏这段音乐，这段音乐带来的记忆其实有一百种不同类型的组合，也就是说给这一百个人留下的印象是各自不同的。这就是所谓的“一千个人心中有一千个哈姆雷特”。

如果只是粗略地说：“这段音乐真不错。”可能大家都会同意。但如果仅凭“这段音乐真不错”这一大家都赞同的语言表述，就认定这群人是有共鸣的，那就错了。每个人在这段音乐的刺激下，脑海中所浮现出的形象和心灵中所受到的震撼都是完全不同的，真正意义上的共鸣是不可能的。

可是，人就是这样，很容易仅仅因为一句共同的语言表述就产生彼此意见相同的错觉。在这种期待心理的作用下，越是貌似有共同语言的圈子之间，越是容易发生分歧和争议。同样的话语背后，隐藏着不同的动机。如果刚开始认可对方说的话，后来却发现彼此的背景完全不同，难免要受到打击，并因此而痛苦纠结，甚至想要反击。于是，我们经常会听到类似的发言：“说这首曲子好，那是理所当然的。不过，这种解释好像有点不太对。”

有的时候，我们只是发表一下自己的见解，却无意间勾起了别人一些不太好的回忆。我们因此而遭到反击，甚至可能遭遇人身攻击。

佛陀在世的时候，也曾遭遇过严重的人身攻击和诋毁。不仅仅是批判，甚至有其他宗教流派的掌门人派出刺客企图谋杀佛陀，还有孕妇在公众面前骂街，声称怀上了佛陀的孩子却被佛陀抛弃。后来，孕妇上衣里装的东西不小心掉了下来，一场闹剧才得以终结。

当你表达你的见解时，世上肯定不止一个人表示接受不了，甚至对你表示反感。无论什么样的见解都注定要面对反对者。那些反对者，轻者只在心里嘀咕，重者则会通过语言和行动发泄出来。你要知道，这个世界就是如此，人心就是如此。

所以，你要放弃那些天真的期待，不要再指望世上的人都能够明白你的心思。可以说，要调整心态，先让幻想破灭是为人处事的重中之重。

你要知道，当你面对指责和非议时大动肝火，正是因为你之前抱有太多天真的幻想。如果你提前就让幻想先破灭，那么即使遭到反击也不会感到有太大的打击。你会觉得世道就是如此，一切都只不过是自然而然地在发生而已。

如果你还有余裕，你可以这样去想："我之所以会遭到如此非议，是因为我确实说了些招惹那些人的话。不仅仅是因为那些人曾经在这方面受到过某种程度的伤害，也与我自己的煽风点火有关，是我无意间刺伤了他们。他们也很可怜。他们受伤之后，以他们自己特有的自我保护方式，也就是在潜意识中的自我防卫本能的驱动下，对我进行了攻击。他们其实只是想通过这种方式说服自己。这是必然的过程，是没办法的，所以只能接受。"

当然，责怪你的不止一个人，可能还有很多很多。当你表述某种见解时，这种结果是必然的、无法避免的。如果你能时时刻刻都保持这样的觉悟，用"幻想的破灭"来防御，你就能在各种非议、指责、诋毁甚至人身攻击面前保持淡定。你会觉得虽然面对非议是件让人痛苦纠结的事情，但那是早晚要发生的，就让他们去说好了。

任何人都要面对非议。
是的。
即使是佛陀这样的圣人也曾遭遇过激烈的非议！
是吗？
所以我不怕任何指责和非议！
我要去泡个温泉，调整一下身心。
稿子呢？今天可是截止日期哦！
责任编辑→

Lesson 2
告别幼稚

现代社会的人们，总是无意识地算计，“和这个人交往，能给自己带来什么样的好处”。在这种得失心的支配下选择人际交往的亲疏远近。

在如今这样的世道下，没有被得失心所污染的真正的朋友是很难得的。

如果你身边的人，尽是些打着自己的小算盘的人，那你还不如清清静静地一个人过。

《经集》75

佛陀说过，这个世上的人际关系都是有目的的。想和你交往、好好相处的人，大多都会盘算着，和你的交往能给自己带来什么样的好处。也就是说，人际关系是建立在得失心的基础上的。而你如果非想寻找一个不计较任何利害关系的真朋友，那是很难的。因此，你还不如摆脱对他人的寄托和依赖，保持自身人格的独立。

这话虽然说得重了点，但也不是说绝对不可以和任何人交往，不能相信任何人。佛陀想要强调的是“要保持精神上的独立”。

那么，什么时候我们会难以保持精神上的独立，特别想要依赖别人呢？

从工作上的交往来看，虽然利害关系和各种算计是理所当然的，但还是有不少人在潜意识中期待能在职场中收获爱情或友情。

有些杂志还利用这种心理介绍这方面的攻略和技巧。比如说在谈公事之前，先问问对方的私事，不要老是把生意当作唯一的目的，要让对方感觉到你只是很单纯地对其自身抱有兴趣。要把对方的自我陶醉感激发出来，让对方对自己产生依赖感。抓住对方的弱点打情感牌，让对方发自内心地想从你手里购买商品。

一般来讲，类似的方法还是很有效的。这是因为，原本人类就有“作为一个人，希望无条件地被爱”的欲求。每个人都希望身边的人不是因为对其所拥有的资产以及社会影响力乃至职位等感兴趣而与其交往，每个人都期待身边的人对自己的感情是一种无条件的爱。

为情所困是因为你总是苛求无条件的爱

前几天我和某位精神科医生交流，我们一致认为人们所苦苦追求的，无非是“对自我的无条件的肯定”。

这位精神科医生说，来找他治疗的患者，都像孩子一样，希望得到无条件的宠爱。

为了实现这种“无条件的爱”，基督教中讲“神爱世人”，用神话故事来满足人们对爱的需求。

但现实世界毕竟不是神话。虽然很少有人渴望从别人那里获得无条件的爱，但潜意识中多多少少还是有所期待，而这种期待正是一切纠结与痛苦的根源所在。

举个例子，在夜总会之类的风月场所里，花钱买温柔本该是这个行业存在的大前提。但还是会有人忘掉现实的残酷，指望在类似的风月场里找到真爱。

小姐们的温柔妩媚，耐心倾听，还有不绝于耳的甜言蜜语和赞美之词，所有这些都是因为你付费了。如果你在享受这一切的时候，忘却了这个大前提，反而想去追求真爱，那你就惨了。

不过，我们任何一个人都会出现这种爱情中毒症状。

如果对方看起来像真的爱上你那样，和你温柔缠绵，耳鬓厮磨，换谁都会喜笑颜开。

风月场上的小姐除了卖身，还卖笑，那是因为她们企图通过“爱情”这种诱饵来吸引客人。她们无论面对什么样的客人，都能交谈甚欢，都能让客人恨不得把心窝都掏出来。那是因为只有达到这样的境界，才能抓住客人的心，让客人对自己产生强烈的依赖。

之所以会产生各种错觉，误以为这不是心机，而是真爱，那是因为还不够成熟，过于幼稚和天真。

无论多么愚钝的人，都会知道对自己好的人有可能是因为金钱的关系。但潜意识中却会在很多事情上渴求无条件的爱，以至于最后被残酷的现实打击得伤痕累累。

当一个人，对无条件之爱的欲求越强烈，就越容易妄想对方能够超越金钱关系爱自己，慢慢地就会陷入一个思维怪圈，越来越看不清对方的真实目的。

于是，当忽然有一天发现对方的所作所为都是因为钱，而不是因为爱，就会深受打击，以至于消沉抑郁。

追求无条件之爱还有个弊害，就是会被对方利用。比如说，在夜总会之类的风月场大笔地花钱，以至于落魄潦倒。

在生意场上，因为对方出于礼貌说了些客套话，赞美了几句，就大大满足了自尊心，误以为自己很受重视，很受尊敬，以至于中了对方的圈套，做出了错误的判断。结果可能是选了质量不怎么好的供应商，或者是被迫买了质量不怎么好的商品。

更加严重的是，对无条件之爱的追求，会让自己活在对方“爱”的阴影里，稍有风吹草动，就会觉得对方变心了，并为之痛苦伤心。

原本对方对你好，一切都只不过是手段而已，你却因为抱有太多的期待而让自己经常陷入伤心失落中，甚至想要指责攻击对方。

一个人，越是不想被利用，就越是容易抱怨他人，这就是幼稚的表现。

“爱情测试”无法收获真正的幸福

所谓的真爱，原本确实是“打算”或“企图”之外的存在。所谓的“打算”或“企图”，换个说法其实就是欲望。

即使是相恋的两个人之间，当一方发现对方爱的不是原本的自己，而是出于自身的欲望而爱着自己，也会感觉被利用了，并因此而伤心难过。

比如说，恋爱中的一方每次在约会时都会一个劲儿地吐槽工作上的烦恼。另一方就会感到不安，甚至质疑：你真的是喜欢我吗？你是不是只是利用我，把我当吐槽的对象而已呢？

于是，慢慢地就会开始表现出故意拒绝倾听，冷漠不配合，随意打断对方的话，以此来测试对方是否真的爱自己。通过类似的“爱情测试”和“友情测试”来看对方能多大程度地容忍自己，来确认彼此之间的爱情是不是没有任何企图的真爱。而这一切行为的根源就在于对彼此的感情感到不安。

如果觉得对方对自己所做的一切都是为了实现他自己的利益和意图，就会质疑彼此友情的纯洁性，于是，故意通过一些有违于对方利益的行为来验证友情的真伪。如果对方包容了自己的一切任性，就会觉得很开心。这种测试验证的欲望正是极端的依赖表现。

无条件的爱毕竟是很稀有的，人们几乎很难做到不计条件和回报地对一个人好。因此，再怎么渴求也没用，因为原本就是得不到的。

佛陀不仅仅是在感叹，他是在告诫我们必须要清楚地意识到这点。

没有任何企图和心机的真爱，以及真正的友情，几乎是不存在的。人不可能毫无企图地无条件地对别人好。当你明白了这一点，就能保持一颗平常心，知足常乐。

再进一步来说，正因为无条件的爱是如此稀有，所以当你身边出现了不计条件和你交往的人，那将是无价之宝，请一定要好好珍惜。

那些总是请你吃饭的人，那些总是愿意听你吐槽的人，是因为他们和你有共同讨厌的人，他们很享受和你一起抱怨吐槽……长期和这样的朋友在一起，就会不断地唤起彼此之间共同的欲望和怨气，结果就是彼此都互增烦恼。

比如说，你讨厌A，你和同样讨厌A的B在一起，你们彼此对A的怨气就会因共鸣而增加。看起来，好像两个人在一起吐槽A是件很痛快很过瘾的事情，实际上两个人都因为互相增加的怨气而变得更加痛苦。那种找到共同语言和知心朋友的兴奋感，只不过是错觉而已。长此以往，你的人际关系只会不断恶化。

如果你身边不存在愿意无条件和你交往的人，你可以选择没有朋友，没有恋人，一个人孤身前行。

你不要觉得一辈子必须要有几个真朋友，也不要觉得没有恋人的日子就是孤独寂寞的。没有好的交往对象，那就索性一个人“单纯”地过吧。孤独能让我们告别幼稚，走向成熟。

你男朋友是董事？！
太厉害了！
我和他的感情，与他的职位无关。
我只是想一直支持他追求梦想。
几天后
我辞职了！今后我要好好追求我的音乐梦想。
我会一直在远处支持你的！
ROCK

Lesson 3
测量与家人的距离

“我的孩子是我自己的财产。这个财产是我的，谁也不会给。”如果你还抱有如此浅薄的想法，那么你会在支配欲的作用下，过得紧张而疲惫。

即使是你的心境，也无法完全按照你的意志来变化，因此也不能说心境完全是属于你自己的。更何况你的孩子、你的财产，那些都是不可能完全按照你的意志来支配的。

《法句经》62

仅仅是因为自己拥有财产的使用权，就认为自己拥有财产，这样的想法是大错特错。

比如说，手上有很多现金，如果你能觉得即使丢了也没关系，这种对待金钱的态度能让你变得心境平和，不会动不动就紧张不已。

反之，如果你老是觉得“这是我的钱”，你就会很紧张，老是担心钱丢了怎么办，钱少了怎么办。

不仅仅是金钱和财物，人也一样。我的男朋友，我的女朋友，我的妻子，我的丈夫，我的孩子……所谓的支配欲，就会在不知不觉中侵蚀你的心灵。

为什么会产生支配欲呢？因为只有支配欲可以补充“自身的不足”。当自身感觉不够安定、不够满足时，就会想“我拥有这么多财产，所以我是幸福的”“我的孩子上了很好的学校，所以我是幸福的”，通过类似的想法来进行自我安慰，达到自我满足。

举个例子，当一个女孩子和帅哥交往时，或者一个男孩子和美女交往时，会经常把自己的交往对象介绍给自己的朋友，以此来炫耀。这其实就是把男朋友或女朋友当成自己所拥有的物品，觉得自己得到了别人轻易得不到的东西，觉得自己很了不起，所以才到处炫耀。

正是因为自己一个人的不满足感不断地侵蚀了自己的内心，所以才会对丈夫对孩子寄予厚望，说白了就是把他们当成了自己“欲望处理的代理战斗员”。

在日本经典动漫片《机动战士高达》中，出现了一种名为机动战士的人形机器人，可以进入其内部进行操纵。“支配欲”的本质与此类似，就是想要将自我的意识扩展到对方身上，想要操纵对方，给对方洗脑。

在这里，“仅仅是存在”的人和物，上升到了“我拥有”的高度。如果你只是觉得我有钱，我有孩子，你的心境还是平和的，而一旦你觉得“我拥有那些钱”“我拥有这个孩子”，你的心态就开始变得紧张了。

有位男士曾对我说过，他每次回父母家都会和父母吵架。这位男子快五十岁了，依然单身，每周回家父母都会提结婚的事。刚开始还只是说：“还没考虑结婚？”“有没有中意的人在交往？”渐渐地语气就变得越来越重，变成了责备。“怎么还不结婚？真是个败家子。”其实这位男士事业很成功，也很有社会地位，但在父母的话里，他就是个完完全全的失败者。

每次面对父母的责备，这位男士都会抱怨父母养的很多只猫。他通过抱怨父母宠爱的猫，来表达自己对父母的反击。于是，每次回家探亲最后都是以吵架收场。

从他父母的价值观来看，快五十岁了还不结婚就是社会的完败者。

于是，他们就会觉得：“如果我的儿子是个完败者，那么我们自己也是完败者……”他们因此而感觉非常烦躁。他们希望儿子快快完成终身大事，摆脱完败者的角色。他们觉得只有这样，他们自己也才能摆脱完败者的角色。

然而，仔细想想，孩子结不结婚，作为其父母，内心深处的幸福度并不会有根本性的变化。可能他们觉得儿子如果结婚了，就会成天对着媳妇儿抱怨。

也就是说，这对父母把他们对生活的不满转嫁到了儿子身上，觉得他们过得不好是因为儿子至今还没成家，所以才老是去责备他们的儿子。

这对父母原本就喜欢干涉自己的孩子，他们通过“担心的样子”来操纵儿子，企图让儿子按照自己的意志来生活。这就是争吵的原因所在。

如果不是这样的话，他们就会耐心等待儿子的好事。如果他们对自己的生活很满意，他们就不会那么焦躁。他们本该耐心等待儿子自己做出选择。他们对儿子的选择没有任何期待，而是每周都指责儿子，这绝不是出于对儿子的担心。

越是干涉得多，儿子就会越发觉得寂寞。因为他很清楚只有自己结婚了，父母才会觉得自己能够摆脱完败者的角色。父母只想让自己按照他们的意志来生活，他觉得父母是在利用自己来满足他们自身的欲望。于是，他才会拿父母最疼爱的猫来作为攻击对象。因为看起来，猫得到了他所未能得到的父母的爱。儿子的潜意识里已经对父母宠爱的猫产生了嫉妒。

为什么每周回去都吵架，可他还是坚持每周都回家？这只能说明他的内心深处还是渴求父母的爱的。

尝试着先从家人开始练习

如此说来，一旦把某人当作自己支配欲的对象，就会大大满足对方的自我陶醉心理，而自身的不满足感和空虚感，也会随之不断增长。

而在这种糟糕的支配欲的冲击下，可怜的受害者，肯定会是我们的家人、亲朋好友以及恋人，也就是我们身边“最亲近”的存在。因为一般来说，一个萍水相逢的过路人是不会对你说“怎么还不赶快结婚”之类的话的。

可以说，一般会被列入我们的代理战斗员范围的对象，无非是“自己的亲友”“自己的孩子”“自己的恋人”。

正是因为如此，越是和别人关系亲密，越是处得好，就越不会觉得自己是在支配别人，感情会变形成一种很自然的责备。质问你怎么还不结婚的母亲，指责你态度傲慢的恋人，抱怨你邋里邋遢的家人，等等。好不容易住在一起，却又耳根不得清静。

于是，互相指责互相抱怨的人，一旦走出家门，都会不自觉地戴上假面具，在朋友和同事面前表现得温柔和善，仔细认真。其实这只不过是因为普通的朋友和同事不足以成为你的“支配欲”的对象而已。

对待职场上刚刚认识的同事和朋友，对待刚刚认识的恋人，要做到恭恭敬敬、和和气气地相处，一点儿都不难，任何人都能很轻易地做到。最大的问题是，随着彼此的关系日渐亲密，潜意识中的“支配欲”开始滋长，对对方的要求也越来越高。“希望得到更多的尊重”“务必在这个日期前给出答复”“接受这样的委托是理所当然的”，诸如此类的想法和说法会越来越频繁地出现。在这些随意任性的期待值的作用下，我们开始随意地伤害彼此，并为之纠结、烦恼、痛苦。

而且在矛盾出现，开始不断地为彼此间的关系感到烦恼时，我们很容易会觉得对方好讨厌，既然处得这么痛苦，那干脆断绝关系算了。

任性随意的期待、伤害以及对对方的厌恶……当内心的憎恶感风起云涌时，如果不及时对心灵的习性进行治疗，人际关系就会出现问题。不管和谁在一起，在经历最初的幸福之后，注定会在某个时间点莫名其妙地开始讨厌对方，彼此的关系一旦变得亲密，很快就会步入不幸。

于是，痛定思痛，彼此疏远、分手，甚至绝交。然后再结识新的人，刚开始还很快乐，但随着彼此的关系越来越亲密，在日渐膨胀的“支配欲”的作用下，再度陷入痛苦。如此翻来覆去，一辈子都将无法真正收获幸福。正因为如此，我们要从现在起，从身边的家人开始练习，摆脱“支配欲”的控制，尝试着去练习不要总想着让对方完全按照自己的意愿来。经过这样的练习，当我们再结识新的朋友和人生伴侣时，就可以在一种适当的距离感中实现幸福的相处。

摆脱“支配欲”不等于“抛弃”“舍弃”，而是说不把别人当作自己的东西来随意操纵。无论是财物还是人，我们都不要过于执着。

你现在的男朋友是医生？！
真是太厉害了，好羡慕啊！！
我喜欢他，和他的身份职业无关。
我就是喜欢他，而他恰好是个医生，身高一米八，人也长得很帅。
嘀 嘀 嘀
短信？
你为了防止他出轨，居然要他每隔十分钟就给你发短信。
真……真是辛苦啊……

Lesson 4
孝敬父母

为人子女，要多给父母按摩，帮他们入浴洗澡，帮他们放松身心。

但如果只做到这些，远不足以偿还父母的养育之恩。即使你给父母买大房子住，给父母买很贵重的首饰做礼物，也无法偿还父母的恩情。

因为你的父母不仅养育了你，而且把你带到这个世界上来，教会了你在这个世界上生存发展下去的各种本领。

如果你的父母缺乏主见，性格优柔寡断，你要想办法让他们更坚定自信地活着。

如果你的父母吝啬小气，你要想办法让他们变得喜欢和别人分享。

如果你的父母缺乏智慧，你要想办法赋予他们智慧。

你只有通过这些方式培育你的父母，你才能真正偿还父母的养育之恩。

增支部经典三集

关于孝敬父母，佛陀有过非常严厉的教诲。

当父母年迈时，背着父母走路，给他们放洗澡水，给他们做按摩，伺候他们吃喝拉撒。但是真正意义上的孝敬，是要把父母造的孽一一摆平。

如果父母的内心比较贫乏，要去改变他们，让他们的内心丰富起来。

可能有的人会想，要改变父母简直太难了，但来参加我的坐禅会的人中，经常会有人说，通过改变自己，父母的性格也随之变好了。曾经有个会员说，原本总是动不动就生气的父母，看到自己待人接物都变得非常成熟稳重，感到非常震惊。于是他给父母也推荐了佛教的书让他们去读，结果父母也变得稳重淡定，一家人的关系变得和谐融洽。

想要让父母朝着良好的方向变化，光靠语言是不够的。给父母提意见和建议，有时反而会惹父母生气。光靠嘴说，是绝对改变不了父母的。

要想改变父母，先要改变自己。这点太有必要了。

尤其是和父母住在一起，有很多时间和父母共处时，要让彼此心灵的波动尽量合拍，让彼此在潜意识中互相影响，潜移默化。当这种影响的方式模式化之后，就能达到彼此的互补。

以我自身的经历为例。以前，我和家人的关系非常糟糕，几乎天天吵架。

我记得，我母亲总是说："把那边那个××东西拿过来。"每每听到这话的时候，我总是会用很生气的语气回答她："你老是说那边那边，我哪知道你说的是哪边啊。"我母亲总是回答说："我说的那边，当然是指那个抽屉啊。"于是，我更烦躁了："那么多层抽屉，到底是哪层抽屉啊？"母亲看说不明白了，就说："那算了算了，我还是自己找吧。"于是，我就会说："需要的话你自己找好了，真够烦的。"于是，一场口角在所难免。

很多母亲都这样，说话总是喜欢省略，如果说不明白，对方听不懂，马上就会变得很烦躁，动不动就生气。

我读大学之前，经常和母亲互相动气，发生口角，家人之间的关系相处得很糟糕。我想改变这种状况，试图从这种相处模式中摆脱出来，我虽然做了些努力，但母亲的反应没有丝毫的变化。

刚开始的时候，我尽量不让母亲生气。不管她说什么，我都尽量忍住不招惹她，绝不当面跟她说"烦死啦"之类的话。

刚开始我还天真地期待我在态度上的变化能给母亲带来变化，但现实却完全不是如此。

因为我虽然嘴上不说，但我心中毕竟还是有怒气的，从"因果报应"的层面来讲，是没有变化的。我积攒了太多的怒气，而且这些愤怒的气场确确实实能让母亲感受到。母亲不仅惹我生气了，而且也在接受我的怒气所带来的回报。

如果仅仅只是把怒火压在心底不表现出来，这个程度上的改变是不可能改变对方的。

不过，随着付出的努力逐渐出现成果，我开始明白，母亲这个脾气是在自作自受，必定要自己承担后果。如果我为此把自己搞得心情很糟糕，就等于我也在自作自受。于是，慢慢地，我就不生气了。不管母亲说什么，我都只管听着，随便她说，不跟她计较。于是，我的心就不那么纠结，不那么易怒了。

在这样的努力下，过了两三年，我忽然发现母亲已经不像以前那样老是说一些省略很多的话了，而且即使她说的话别人当时没听懂，她也不会马上生气动怒了，她甚至会说："可能是我自己没说明白吧。"

对于母亲来说，她已经明白问题的根源在于自己的说话方式。如果只是跟她说，她只会生气，而行动上是不会有任何改变的，必须让她自己去体会去领悟。

随着周围的人都逐一变得淡定稳重，自身所处的磁场里，怨气的波纹越来越少，这样的人自己也会自然而然地变得冷静，然后自然而然地发现自身在说话方式和行动方式上所存在的问题，并开始自救。于是，自然而然地，彼此之间就能和谐共处，达到真正的和睦。

有一次，我和身为住持的父母三个人在寺庙的后山上一起吃便当。父亲忽然慢悠悠地、深有感触地感慨道："到了这个岁数，终于感觉我们三个过得像是一家人了。"这番话，对我来说一直是难以忘怀的美好回忆。

如果你对你的父母说："请改改你的脾气。"他们是不会改变的。

首先，自己要下决心先调整自己的心态。从自身开始，坚定不移地遵守规则，并把自己对他人的包容展现给父母看。

人都是这样，当他对别人抱有良好的印象时，就会想着一点一点地逐步去模仿别人的做法。看到别人吃得很香，自己的食欲也会激增。我们的内心都有模仿的习性，潜意识中，我们都会想去模仿给我们留下好印象的人。而越是关系亲近的人，这种影响的力度就越是强烈。

从这个角度来考虑的话，家人之间，就是要每天互相给彼此以营养。

虽然大部分的家人都错过了这些互补互助的机会，而一个劲儿地在互相投毒，但随着自身的修炼和成长，这些“毒”就会逐步变成“药”，治愈家人之间的裂痕。

和父母做朋友才能摆脱父母的束缚

我们来到这个世界后，最先和我们密切相处的就是我们的父母，人生最初的阶段，我们所有的喜怒哀乐都是建立在父母对我们的态度之上。来自父母的认可或赞美，抑或是怨气和轻视，是我们人生最初的“因”，对我们影响深远。

我们和父母的关系就源自这生命最初始的体验。如果和父母的关系不好，自己的心就会找不到依傍，于是，心灵就难免会朝着负面的方向发展。

如果我们和父母的关系不稳定，如果我们渴望得到父母认可，渴望和父母融洽相处的欲求得不到满足，我们就会寻求父母以外的人来代替，我们的这种心理也会投射到别人身上。

举一个很典型的例子，比如说被一个能让你联想到父母的某项特定性格的异性所吸引。

此时，自己对父母的条件反射都是父母对自己的不认可，对自己的否定。于是，与父母相处的不融洽就会成为自己喜欢上恋人的诱因，甚至会产生一种错觉，觉得自己如果能和恋人相处得好，自己和父母之间的关系也能克服难关。

我一个关系非常好的女性朋友，她有一个非常冷漠的父亲。她的父亲抛弃了她和她的母亲，和别的女人私奔了。之后，虽然有过一些交流，但基本上是对她们母女俩不管不顾。父女关系很僵。

我的这位女性朋友心理上一直过不了父亲这道坎。作为父亲的代替物，她选择了性格冷漠的男性来交往。用她自己的话来说，就是脸型瘦削，骨子里透出的冷漠明显与父亲相似。她觉得这样能在对方身上找到父亲的影子。

不过，这种心理无非是在追求一种自相矛盾。她很可怜，她的这种择偶标准只能不断地让自己陷入痛苦的深渊。

这样一想，和父母搞好关系，与父母融洽相处，才能真正摆脱父母的束缚。虽然可能看起来与常人想的刚好相反。因为一旦与父母的关系恶化，内心就会如坐针毡，自然难以解脱。而如果和父母相处融洽，就能摆脱父母的束缚获得自由。

因此，孝敬父母，最终受益的是自己，而且受益匪浅。这点，你领悟到了吗?

被父母冷漠对待过的人，可能不太想孝敬父母。但实际上，只有去孝敬父母，才能解开多年的心结，这也是为自己好。

静悄悄
哧溜哧溜
如果我安静地吃饭，爸爸也应该能安静地吃饭。
难道是战术有误？
静悄悄
哧溜哧溜
静悄悄
哧溜哧溜

Lesson 5
让配偶安心

做丈夫的要珍视你的妻子，做到下述五点：

一、尊敬她。

二、不鄙视不轻视。

三、不出轨。

四、把家里的实权交给她。

五、买饰品给她当礼物。

长部经典《六方礼经》

佛陀对夫妻相处之道教诲颇多，这里重点针对我们这些小男人，看看佛陀都提了些什么样的建议。

首先，作为丈夫必须要为妻子做到的第一点是“尊敬”。

然而，怎样才算尊敬妻子呢？如果无法从内心深处发现对方的某个优点，是不可能做到尊敬的。

因此，非常重要的一点是首先要了解妻子的长处和了不起的优点。

比如说，几个朋友在一起交谈。当有人说另一个不在场的人的坏话或者八卦时，如果只有自己的妻子保持沉默，不参与煽风点火，你可能就认识到原来自己的妻子是一个不轻易说别人坏话的人。这点很了不起。

或者说，你们共同生活后，发现你的妻子人前人后一样勤劳，耐心细致，这也是了不起的优点。

发现对方的长处，不仅能保持对对方的敬意，也能让对方发现原来自己很在乎她，任何人感觉到这点后都会很欣慰的。自己的长处被发现，是一件非常幸福的事情。

尤其是别的人都还没有发现，迄今为止谁也没提起过的优点，甚至连自己都还没有意识到的优点，如果被珍爱自己的人发现了，那种幸福感是无法比拟的。

发现对方的优点并告诉他

以发现对方的优点为名，却说得完全不靠谱，这样只会给对方留下无尽的困惑。有的时候，我们会对还不是很了解的人抱有各种幻想，也就是把自己的理想赋予到对方身上。与其说是发现对方的优点，不如说是把自己的妄想强加到对方身上。

比如说，把自己理想中的温柔和女人味等强加到对方身上，对方会感觉不安，甚至厌烦的。她会想："我才不是那样的呢。"交往一段时间之后，最初美化过的对方的形象在现实中一点点地暴露，你很容易就会出现开始不停地找对方缺点的倾向。

重要的不是不停地去挖掘对方的弱点，而是仔细观察对方的心灵、容颜以及身体，找到对方的优点并赞美她。"你的这个地方很漂亮，很吸引我。"当然这不是煽情拍马屁，这是审时度势地向对方表达你的珍视和喜爱。

举个例子，太太意识到自己性格中有优柔寡断的一面，凡事缺乏主见。而事实上，虽然她确实很多时候表现得优柔寡断、该断不断，但也不是一辈子都一直活在迷茫和犹豫的状态中。

而她的丈夫会经常回想起一些事情，然后对她说："当时我们两人都在犹豫为难，我也下不了决心，你做出了选择并说明了理由。在我人生重要的时刻，好几次都是多亏了你才做出了决断。我觉得你其实还是有决断力的。你觉得呢？"如果丈夫经常这么夸自己的太太，太太会变得更加自信有主见。

再比如说，当太太烦躁不安的时候，如果丈夫来一句"够啦，烦死啦"，那只会加强逆反效果。而如果丈夫能够先接纳太太的情绪，来几句宽慰的话，两个人的关系就会融洽很多。"你今天之所以脾气这么暴躁只是因为你有点累了，我知道其实你从根儿上讲是一个温柔如水的女子。"

接下来，我们来讨论第二点"不鄙视不轻视"。这点和第一点"尊敬"有着密切的关联，因为你之所以会轻视鄙视对方，是因为你发现了对方的缺点。

尊重对方的自我意识，不要伤害对方的自尊

第三点，“不出轨”。

出轨会让妻子觉得，在丈夫眼里，别的女人比自己有更高的价值。站在妻子的立场上来看，她会觉得自己和丈夫亲密相处，为了丈夫付出一切，自己反而成了一个没有价值的存在。

“我爱他，我可以为他付出一切，可他却把爱给了别的女人。我真是太贱了。”

自己的付出没有得到应有的回报，被辜负是一种很悲惨的感觉。于是，两个人在相处时都会各自有所保留，以求获得一种平衡。也就是在心理上，认为自己其实也不是那么在乎对方，所以无所谓丈夫爱不爱自己。通过这样一种意识的转变来让自己获得心理上的平衡。

于是，女方也开始出轨。为了保护自己的自尊，对丈夫冷眼相待。哪怕不出轨也要在各方面表现出对丈夫的排挤和反感。对于自己讨厌的人，对方爱不爱自己已经无所谓了。其实这些都只是为了说服自己，为了让自己维持心理上的平衡，而故意歪曲自己的认知，这实际上已经是一种心理层面上的扭曲。

说白了就是你不爱我，那我也要装作不爱你。

因此，夫妻相处，必须要互相尊重对方的自我意识，绝不能伤其自尊。这一原则贯穿于每一项夫妻相处之道。

第四项，“把家里的实权交给她”。包括育儿的方针、家里的收支、家

具的选择，做丈夫的就不要啰里啰嗦地插嘴了，把最终决定权交给妻子。丈夫可以表达自己的意见，可以参与讨论，但一定要把最终决定权交给妻子。

我个人认为，任何一个集团，如果没有一个人拥有最终决定权，就会一直争论下去，直到大家都疲惫不堪。赋予一个人最终决定权，才能让各项家事顺利推进。

从这个意义上来说，把家里的实权交给妻子，可能会是一个回避家庭内部纷争的方法。工作上的事情丈夫做主，家里的事情妻子做主。可能类似的准则，有的现代人看了会皱眉摇头。但在佛陀所生活的古印度时代，女性的社会地位很低。也正因为当时女性的社会地位低，所以把家里的实权交给妻子，才能给妻子带来被尊重被信赖的感觉，妻子也就能安心相夫教子，为家庭奉献一切。

第五项，“买饰品给她当礼物”。买些饰品或者是衣服当礼物送给妻子。佛教原本是不太推荐讲究衣着和服饰的，因为在这些东西上花钱看起来好像是纵欲。不过，让对方知道自己是被珍视的，仅仅是满足这个欲望还是很难被拒绝的。送给妻子的小礼物可能会成为夫妻关系的润滑剂，可以把自己对妻子的爱和重视传达给妻子。

我再多说几句，刚才提到的要给对方指出只有自己才能发现的对方的优点，其实赠送礼物的时候也是同样。不要随便选择仅仅是价格高昂的礼物，要充分把握对方的嗜好，买和她相配的饰品当礼物。

“我觉得这个和你特别相配。”如果妻子也真的觉得这个礼物和她很相配的话，她一定会很高兴的。真心相爱的夫妇，想要知道对方喜欢什么，送什么样的礼物最合适，这点只要花点心思，应该不难吧。

总是吵架的夫妇
第一点，明显存在鄙视。
你不明白我的心思
第二点，明显存在出轨。
玛丽，昨天那个……啊，不对，我说优子！
玛丽是谁？
第三点，明显两个人都放弃了实权。
你定吧。
你定吧。
第四点，明显礼物是偷的。
不要介意！
价签还在，要50万？
心都怦怦跳了

Lesson 6
辨识真朋友

你要记住，符合下述四项，只会拍马屁取悦你的朋友，其实不是真正的朋友。

①对你来说不好的事情，他也跟着人云亦云，不负责任地赞同。比如说你在吐槽时丑化了自己的形象和心灵，他却随随便便地附和：“是啊，就是这样的。”

②对你来说很好的事情，他也跟着人云亦云，只在口头上表示赞同。你把你的精彩想法告诉他，他只是一个劲儿地说“是啊，是啊”，却根本没有用心在听，以致你们的对话无法进展。

③在你面前，永远都是说“对啊，是啊，你太了不起了”“真不愧是你啊，我太佩服你了”之类的空话套话。

④在你不在的时候，背地里说你坏话：“那个人，稍稍表扬他

一下就高兴得不知道自己是谁了。”

长部经典《六方礼经》

什么样的朋友才算是“真的朋友”？佛陀提醒我们有四种朋友是不能交的。

这四种朋友就是：（一）为了谋求某种利益与你接近，只求索取的人；（二）光说不做的人；（三）只会拍马屁说奉承话的人；（四）会使你财产减少的人。这里我重点解析一下第三项“只会拍马屁说奉承话的人”。我试着从四个方面来解释我的理解。

最好远离那些只会对你阿谀奉承的朋友，反过来说，能够肝胆相照，坦率指出自己问题所在的人才是值得结交、值得信赖的朋友。

举个例子，可能你会觉得那个平常老是啰里啰唆对你提各种要求的上司很讨厌，不过如果你能够把上司的话视为提高自己的教诲，你就可以把这样的上司当成“朋友”来对待了。

反之，那些在你面前总是甜言蜜语好话连篇的人，只会让你陷入自我堕落的深渊，还是尽量不要和这样的人黏在一起比较好。

有一天，我正在咖啡店品尝年糕红豆汤的时候，听到邻座几个女人正在七嘴八舌热烈地讨论。她们的讨论内容大致如下：

其中一个女人很自豪地在炫耀自己孩子的学习成绩有多好，其他人跟着附和：“是嘛！”“孩子学习好比什么都强。”然后其中一个人也开始谈论自己的孩子，其他人也同样跟着附和。“是嘛!”“是啊!”就这么你一句我一句地互相附和着。大家都装得好像对这个话题很感兴趣，讨论得很热烈似的。几个小时的时间里，她们的对话没有一点营养，估计她们自己也不记得都谈了什么了。

之后，她们居然开始讨论不在场的某个人，说她是个“呆子”之类的坏话。如果那个被说坏话的人在场的话，她们还会不停地“是嘛”“是啊”这样一直附和下去吗？

对在场的人所说的话，一律不做任何否定，只表示同意。而对不在场的人，却可以群起而攻之，说她的坏话。这就是一个空洞的人际关系的典型例子。

如果对方对于自己所言完全肯定，百分之百赞同，可能在一定程度上能达到自我满足，感觉很爽。但如果以朋友的关系打算继续这样维持下去的话，恐怕这就不是真正意义上的朋友了。

因为“无论好事坏事，不分青红皂白，一律同意”，就等同于无视内容只管表态。也就是说对于对方的事情，完全没有经过大脑的思考。

让我们都扪心自问一下，明知不对，口头上却还是会表示同意，类似的做法在社交上是不是经常会遇到？因为逐一反对并说出自己的理由是件很麻烦的事情，所以也就懒得思考，差不多就同意了。

我身边，最近发生了这样一件事情。

我认识的一个人想辞去公司的工作，但公司很缺人，如果没有特别充分的理由，公司一般不会同意辞职。于是他为了能成功辞职，开始编造谎言作为理由。如果一个谎言可能要被戳穿，那就赶紧再编造一个谎言……于是，谎言就像滚雪球一样越编越离谱。他问我他编的这些谎言如何，问我有什么感想。

其实，如果我要对他说“这不挺好吗？编得很像那么回事儿啊”，那也很简单。

可是我自身还是无法接受这些谎言。我只能对他说：“你这么一而再，再而三地撒谎，你自己不觉得痛苦吗？”

如果觉得对方的事情对自己而言都无所谓，那可能随便搪塞应付一下就好了。

明明看到对方的不对，而且对方又过来咨询自己，结果还是任其发展，那就是对对方的所作所为和将来的发展无所谓，抱着一种“事不关己高高挂起”的态度，无论是好是坏，都随随便便表个态就算了。

与自己无关，可以不说真心话。一旦和自己发生关系，就不会那么简简单单地来一句：“这不挺好吗？”

当你被指出缺点和错误时，正是你改变自己的机会

能指出自身缺点的人是真正的朋友——我自己之前在这方面曾有过深刻的体会。当时，我的精神状态一直不安定，行动怪异。有一次，我在街上被陌生的小孩耻笑了。我对那个小孩说：“你完全就是个小孩子，怎么那么淘气呢？”结果那个孩子嘲笑了我。

那个小孩可能是觉得我是一个不可思议的人，说了一句不可思议的话，让他觉得很吃惊，也很搞笑，所以他笑了。而当时和我在一起的朋友，他也笑了。之后，他真诚严肃地对我说：“你老是这样不按常理出牌，故意做各种让人吃惊搞笑的动作惹大家发笑，你觉得这样很有个性很

帅很酷吗？”

当时他说的这番话如同当头一棒，让我感觉挺震惊的。不过，我觉得我的朋友说得虽然很尖锐，但很有道理，我听了一点都不觉得难受。我笑着说：“确实如此。”后来想想，当年的我确实有这样的毛病，在陌生人面前喜欢做些出挑的事情来吸引别人的注意。

我的朋友，他的话语里没有带一丝批判和攻击，他只是直面我的性格，冷静地指出了我的问题所在，让我如醍醐灌顶，茅塞顿开。

能如此真挚地指出你毛病的人，才算得上是真正的朋友。

不过，这并不代表我鼓励大家都去挑明别人的缺点。

刚才所举的例子中，我那位朋友的指点非常冷静，而且真挚，我也觉得他说得很对，感到很高兴。但这样的案例还是很少有的。

对于一般人而言，当自己的性格或者思维方式遭到哪怕是一点点的否定时，第一反应都是觉得很受伤，而不是感到很高兴。

比如说，在“测量和家人的距离”这一节里，我们讲到有时候你想指出对方的缺点，想让对方改，结果却变成了双方之间的吵架，甚至彼此之间的关系都有可能会恶化。还有在“让配偶安心”这一节中，我们讲到要尽量多发现对方的优点并赞美给对方听，而对于对方的缺点，最好尽量无视。

谁都有缺点，谁都不想看到自己的缺点。一旦别人指出了自己的缺点，那种感觉是非常难受非常尴尬的。

可以说面对指责，很少有人能够虚怀若谷地接受。在这里，我想要说的不是“你要大胆地去指出别人的缺点”，而是说当有人指出你的缺点时，你不要生气郁闷，而是要把大胆指出你缺点的人当作可能成为真朋友的人来对待。

如果对方说得完全不在理那就罢了。如果对方所言，虽然迄今为止你尚未意识到，但可能确实有道理的话，那你首先就要克服自己的抗拒心理。

连自己都还没有意识到的缺点，对方能够清楚地认识到并指出来，他给了我们一个改变自己的契机，所以千万不要因此而生气。

这样一想，也许你会觉得比起你身边的一些朋友，你那个啰里啰唆的上司可能更像是你的“真朋友”。

如果对方对你的了解，深入到可以给你指明改善你自身缺点的方法，那这样的朋友就有一直交往下去的价值。

虽然我在减肥，可我还是想偷吃一口……
不行，如此纵容自己是不对的。
他好像是在欺骗我……
那不挺正常嘛。
我不想去公司上班。
不行，不能老是这么逃避。要好好想想不想去上班的原因在哪里。
哎？！这样你也能接受？
我也利用他给我挣了不少钱……

Lesson 7
择良友共前行

在你的人生道路上，如果你未能有幸遇到水平比自己高的人，未能有幸结识品性不错，至少和自己水平相当的人，那你就索性独自一人奋斗下去吧。

和性格不好的人在一起，你的心会在不知不觉中被潜移默化。和这样的人在一起，是不可能孕育出互帮互助互相提高的高尚友情的。

《法句经》61

在“告别幼稚”那一节里，我们提到过，佛陀曾经说过：“索性一个人享受孤独。”这一节里我们还是要继续强调，如果未能有幸遇到水平比自己高，至少和自己水平相当的人同行，就索性一个人走好了。

佛陀所说的水平在自己之上，抑或与自己水平相当的人，到底是指什么样的一种状态呢？其实，他指的是人品性格比自己好的人。

比如说内心安定沉稳，有自我控制力，稳重、温柔，各种心灵的修养和品性在自己之上的人。要区分出这样的人，可能比较有效的一个方法是“在一起时是否能感觉很放松”。

如果你和一个思路比自己更清晰的人在一起对话，你那颗纷扰的心会在对方的影响下沉静下来，你能感觉到发自内心的放松。在和这样的人对话的过程中，你会不时地发现曾经困扰过你的问题逐个变得明朗。你会忽然觉得茅塞顿开，无论什么样的烦恼，造成烦恼的原因其实都非常简单。很多烦恼其实都是庸人自扰，自己想多了，以至于越想越复杂，结果把自己变成了“思考的苦力”。而能把你从这种状态中解放出来的人，才是真正优秀的人。

性格不好的人，刚好相反，他们逻辑性差，心灵没有得到过充分的陶冶，他们喜欢和别人争斗，内心总是充满了各种迷茫和妄想，一片混乱。他们理解不了逻辑严密的话。

和这样的人诉说自己的困境，只能是对牛弹琴。要么跑题，要么把问题再无限地复杂化。和这样的人在一起，你的心只会更纠结更混乱，你会变得完全失去理性。

当你真心烦恼的时候，那些逻辑性差的人只会对你说“是啊，是啊，我很了解。我完全理解你现在的心情”“这个时候最痛苦了”之类的话。你不仅得不到任何安慰，你甚至可能会觉得很生气，对方真的听明白了吗？

有知识、有学历，这不是最重要的，最重要的是要有一颗明明白白的心。

所谓真正的伦理就是心灵的明晰

这里提到的“明明白白的心”可以理解为等同于逻辑清晰。

不过问题在于，一般被称为“逻辑性强的人”，其逻辑思维的背景在于他要自圆其说，或者为了打破对方的理论，特意包含了一些攻击性的内容。

有的人为了让自己的话看起来更有逻辑性，会故意用一些复杂的文法和生涩的词汇，显得自己说得好像有多正确，并且带点强制性地去说服别人。这种包含了过多自我意识的话，从听者的立场来说，其实是非常厌烦的。

一般来说，“逻辑性强的人”，还有“理论性强的人”，会给人一种麻烦啰唆的负面印象。

我们一起来想想为什么“理论性强的人”会被认为很麻烦呢。因为这样的人总是为一些别人根本不想听的话，反反复复地用各种逻辑和理论来推导。也就是说，他们总是说了太多没有必要且没有意义的话。

而原本所谓的逻辑，就应该是要把看起来很复杂的事情很简洁清晰地梳理出来。所以说，大家讨厌的其实不是“逻辑性”和“理论性”，而是“装得很有知识”。为了让自己看起来更有学问，为了让自己更好地自圆其说，把自己所知道的知识一一罗列，而没有把这些知识之间的内在关系、层级秩序、因果关系以及逻辑法则浅显易懂地表达出来。于是，听者就只能越听越糊涂了。

原本理论性的东西都应该是非常简明扼要的，因为其中不包含任何私人情感和自我意识的因素，所以具备能让对方的心灵更放松更明朗的作用。

因此，所谓明明白白的人，说的话都很简单，他不会为了说服别人或者和别人争论而特意加入多余的感情。他的心是沉静的，而这种简明扼要的风格背后，隐藏着俯瞰事物因果关系和梳理思路的强大力量。

人生伴侣也好，闺中密友也罢，绝不能与愚钝之人做伴

一般来说，那种说起话来总是头头是道的人都比较遭人厌烦，但我们不能因此而完全抛弃“逻辑性”这个无比重要的东西。

将复杂的事物本质进行逻辑性的梳理，让大家很清楚地去接受。其实，我们任何一个人都应该接受过“逻辑”的恩惠。

反之，当我们听到一些逻辑混乱、前后矛盾的话，或者目击到类似的事情时，我们的心情会变得很糟糕。

世上有很多人，经常会喜欢用一些难懂的文学性的语言，给自己的发言加入很多不必要的修饰。可能这些人也是担心别人指责他说的话无聊，或者怕被别人指出错误来，所以才故意把自己的话搞得很难懂，把简单的事情复杂化，久而久之形成了一种癖好。本来就缺乏逻辑性的内容再被复杂化，无论是听起来还是读起来都是一种遭罪。

我们在佛教的实践中，有时会读到一些很费神的哲学书，有时读着读着感觉肩膀都开始变得僵硬。那是因为复杂的信息处理给我们带来很沉重的负担感。

从这个意义上来说，在日常生活中，我们最好是远离那些说话总是绕好几道弯，会加重我们信息处理负担的人，远离那些复杂的人际关系和正处于

混乱状态之中的人。这是一种比较贤明的处世之道。

如果没办法，必须和这样的人一起工作、一起生活时，那就尽量不要受对方的影响，在自己的内心建立起足够强大的防御系统，在交往的过程中不断地调整自己的心态，免受牵连。

还有一点，至少，在自己可以选择的范围内，无论是人生伴侣也好，闺中密友也罢，绝不能与愚钝之人做伴。

“我愿意她（他）成为我的妻子（丈夫），从今天开始相互拥有、相互扶持，无论是好是坏、富裕或贫穷、疾病还是健康都彼此相爱、珍惜，直到死亡才能将我们分开。”这是基督教的婚礼誓词。健康快乐时，发誓永远爱对方、永远忠诚于对方是很容易的，而实际上，人的一生，可能更多时候要面对病痛，面对艰难险阻。这样的时候，能否同甘共苦，是选择伴侣和朋友时最重要的，也是具有决定性的要素。

当然，美好快乐的回忆是很难忘的，而真正切身体会到对方的好，往往是在自己最脆弱、快要被击倒时，对方给自己下的“定心丸”，抑或是对方所赋予自己的继续坚持下去的勇气。

在对方面临困境的时候，我们自身具备帮他一把的力量。当我们自己面临困境的时候，对方具备帮我们一把的力量。这样的伙伴才可以称得上是“朋友”。这个时候，我们有必要搞清楚对方正处于什么样的困境，原因在哪里，到底是什么状况，我们要在看清这些因果关系之后才能决定自己到底要提供什么样的帮助，而这种帮助正是建立在逻辑性的基础上的，是等同的。

如果我们无法逻辑性地整理对方困境背后的因果关系，那我们就无法真正意义上地去帮助别人。

我想辞职。
艾丽，连你也这么想？
我又几乎不吃早饭。
早上起床真是麻烦。
身体病倒了，食欲也没有……
理解理解。
就因为这个理由就不想去公司了。
今天化妆没有化好。
这些都不是重点吧！

Lesson 8
经得起分离

爱恨别离。人生路上，难免要面临和心爱之人、心爱之物的别离。

“天下没有不散的筵席”，你要把这句话铭记在心，从各种依恋和依赖中摆脱出来。

相应部经典《初转法轮经》

人生路上，无论和什么样的人相遇，都注定要面临分别的一天。家人也好，配偶也好，恋人也好，朋友也好，即使在你的有生之年，你们从来没有分开过，但临死的那一瞬间，你将不得不和所有的人告别。

分别不仅仅限于人与人之间。珍藏的玻璃工艺品碎了，那种悲伤也是因为别离。我们在人生路上，难免要面对与心爱之人、心爱之物的别离。

你对对方的依恋越强烈，分别时就会越痛苦。

恋爱尤其如此。恋人之间和朋友关系不同，彼此都把对方视为生命中最重要的人。一旦这个地位被别人夺走，不再是那个“最”的时候，人就会变得非常脆弱，随时都会崩溃。

因此，每一次分离都会扰乱我们的感情世界，甚至引发情感纷争。

比如说，当彼此的关系恶化时，明明自己已经很受伤了，对方却丝毫没有觉察到。越是这个时候，越是会愤愤不平地想要责怪对方。

不过，这种情绪是建立在一种扭曲的欲望之上的。“如果你把我当作生命中最重要的人，你就应该和我同样痛苦。如果你不痛苦，你若无其事，那是我无法容忍的。”

还有的人，在分手之前用各种毒舌般的语言责怪对方。到最后时刻，却又忽然改口，幽怨地说着“我会一直祝你幸福”“你这么有魅力，一定会遇到更好的人的”之类的套话。

还有的人会把彼此的美好回忆写下来寄给对方。“虽然现在的我尽是在给你添麻烦，不过你想想我们当年一起去采摘苹果的时候，是多么幸福啊。你不要忘了那些美好的回忆。”

也许，这样做是出于想要掩盖自己给对方带来的伤害，想要抹去自身的罪恶感，想要通过这些行为给对方留下一个好点的印象。这其实就是一种“伪善”。

因为，表面上扮演一个“祝你幸福”的好人，实际上却是通过给对方留下一个好印象，让对方沉浸在对自己的留恋之中。这实际上就是在用扮演好人来折磨对方。

而另一方，可能就会觉得“和这样的人分手真是可惜，真是遗憾”，却不知对方伪善的外表下隐藏的是另一种傲慢。通过让对方继续思念自己来折磨对方。

从这个意义上来说，恋爱中的人，如果想甩了对方，那就让对方痛恨自己好了。快刀斩乱麻可能是一种更亲切的分手方式。

不过，我不推荐过度地去伤害对方。为了让双方都能平静地接受分手，不要通过给对方留个好印象以此来挽留对方，也不要故意让对方痛恨自己。最贤明的做法就是保持平静的对话，直到互相说服。

分手时，最容易说的就是“都怨你，讨厌”之类的话。这样会引起对方的自我防卫条件反应，对方会去争辩我原本不是这么遭人讨厌的人。于是，互相开始指责，以至于引起新的矛盾。

其实还有更好的表达方式，比如说：“和你在一起时，我容易陷入这样的感情，我也不想这样，可基于我们现在的关系，我只能这样。”你还可以强调这是无法回避的，没有办法挽救的。曾经，有过那么多次都是同样类型的事情在发生，无法改变。

不要试图去掩盖，你只要平静地和对方对话，让对方理解“这种关系已经到头了，没办法再继续下去了”。如此，恋人们互相之间的分手就不会搞得很纠结很痛苦了。

要知道思念只不过是多巴胺的中毒症状而已

“我不能失去这个人”“我不想分手”，这种恋爱中的痴情、苦苦的思念，与迄今为止在这段恋情中和对方在一起时所获得的快感程度有着密切的关系。这种快感，换个说法，其实就是多巴胺的脑内分泌。

恋爱中的兴奋也好，分手时的痛苦也罢，都只不过是多巴胺刺激大脑局部的结果。恋爱时的甜蜜回忆通过大脑内部多巴胺的大量发射，陷入了一种中毒症状。你只要明白了这一点，你就能变得稍微冷静一些。

分手时所感受到的巨大痛苦，在一定时期内，可以通过换个伴侣生活，接触些别的事物来缓解。在大脑中一旦发现了新的能让自己感觉舒服的神经循环，你就能逐渐摆脱对失恋对象的快感依恋，慢慢解除原先建立起来的神经循环。其实只是陷入神经循环的麻药中毒症状而已，只要从中毒症状中摆脱出来，自然就能把兴趣转移到别的事情上。

因此，觉得自己无法摆脱失恋之痛的时候，可以像戒毒那样，把有毒瘾的人放在隔离病房里禁闭一段时间。把能够引起对方相关回忆的所有信息数据全部从眼前消除，不再接触，这可能是一种很有效的方式。

审视自己的内心也是断绝痛苦之根的重要切入点。如果无法做到这点，那么最好的土办法就是把对方赠送的礼物、两人的合影，还有往来的书信、邮件，所有能够引起亲密恋情回忆的东西，统统都扔掉。

在扔东西的同时，明确地告诉自己：就这样，结束了。

如果一听到某段音乐，你就会想起之前的恋人，那么你就不要再听这段音乐了。不去看，不去听，不去闻，不去品尝，不去接触，不去回想所有与旧情人有关的事物。让自己的心，接受一段时间的禁闭。

尤其是最好尽量避免邮件的往来。可能你发邮件原本只是想表达自己心中的愤恨，但如果你一直沉浸在对旧情人的愤恨中，你就会一直想着对方的事情。结果，与对方相关的多巴胺的神经循环就会被不断地激活。

一定时期内，保持不接触对方以及与对方相关信息的状态，就能逐渐从麻药的毒性中解脱出来，再强烈的依恋也会越来越淡化。

尝试着去练习拥有一颗慈悲的心也是一种有效的方式。虽然说“祝你幸福”是一种伪善的表达，但如果非常专注地为对方祈祷幸福，“伪善”的“伪”就可以去掉了。

你要深深地去祝福，祝福对方开始新的人生，祝福对方能遇到更好的人。

反复的祈祷本身，会在心中描绘出对方幸福的样子，然后专注于这些想象，你就能更加集中你的注意力。

实际上，在分手的时候，互相来说最好的方式就是斩断感情的乱麻，保持一颗祝福对方的心。做到了这些，自己的心也会因此而变得温暖起来。

反之，如果一味强调自我，都分手了还想着要跟对方再说些什么，觉得自己还有些话没说够，这些感情大多都会伤害到对方。

我也有过类似的经历。分手的时候，我跟当时的恋人谈了很多次话。最后一次，我觉得我还有话要说，却被对方打断了。对方说：“我再也不想见你了。你一定觉得你说了这么多会感到轻松一些，可是这样只会让我更痛苦！我不想听，也不想再见到你了！”当时听了这番话，我感到非常震惊。

确实，分手时还不停地想要倾诉的一方，只不过是为了让自己更轻松些，不断地去折磨对方而已。倾诉本身只会让已经受伤的两个人都再度陷入痛苦。

如果如此任性地对待分手，那些腐化的感情的余波可能就会影响到下一次的恋情，影响到与下一个恋人之间的关系。

为了与下一个恋人能够有良好的发展，这次的分手一定要坚决，快刀斩乱麻，不留一丝依恋，身心澄净地去准备投入下一次的恋情。

为了达到这样的境界，尝试去练习拥有一颗慈悲的心，这可能是最好的武器。

不扔掉两个人的合影，我就无法继续向前……
电视机、微波炉、冰箱……统统都要扔掉！
他给我买的连衣裙也要扔掉！
他给我的戒指也不能再戴了……
咣当
啊……
垃圾袋

Lesson 9
保护自己，远离恶魔

在我们心中，有很多恶魔。恶魔的第一军团是欲望，第二军团是不满，第三军团是饥渴，第四军团是渴望和思念，第五军团是惰性和困倦，第六军团是恐惧，第七军团是迷惑，第八军团是掩盖和逞强，以及通过弄虚作假获得的利益、名声、尊敬、名誉，还有骄傲自大。

恶魔们，这就是你们的军队。这些军队总是在暗处攻击我们。没有勇气的人，从来没有战胜过自己心中的恶魔。而勇敢的人，正是因为战胜了心中的恶魔，所以才变得淡定。

《经集》436～439

因为邻居家制造的各种噪声而烦躁——这种状态，在佛陀的话里，被比喻成就像被恶魔的军队攻陷。

当心中的恶魔军队忽然发起攻击时，我们很容易就会被攻陷，而攻陷我们的军队其实不是噪声本身。如果我们不觉得噪声讨厌，我们就不会因此而痛苦，也就不会被攻陷。噪声本身没有好坏之分，而是我们头脑中对“恶”的评判基准让我们陷入痛苦，以致被恶魔攻陷。

也就是说，所谓的恶魔不是噪声，而是以噪声为契机，在自己内心所产生的不满。

恶魔的军队不是来自外界的因素，而是我们在接受外来的信息时，一种负面的信息处理方式导致的结果。比如说，我们觉得在这样的时间段制造噪声是不符合常识的，这就是一种负面的信息处理方式。这样一想，恶魔只能是我们自身制造的，可以说我们自己就是恶魔的亲生父母。真是太可怕了。

在战乱时代，攻克敌人城池最有效的方法是“潜伏”。让自己的下属长期潜伏在敌人内部，让敌人重用他，甚至让他在敌人内部担任要职。攻城的时候，潜伏的奸细就会忽然发动叛乱，让敌人在瞬间崩溃，最后丢失城池。

当我们因外部输入的信息而感到烦躁不安的时候，我们可以认为我们就像中了埋伏的毒。其结果就是我们丢失了心灵的城池。

当我们遭到外部攻击，或者遭遇批判时，身处逆境的我们，只要能保证潜伏在心中的恶魔军队里那些名为“怨气”的奸细不兴风作浪，我们心灵的城池就不会丢。无论外部的攻击如何激烈，我们的城池都不会那么轻易被摧毁。

而一旦我们内心的怨气开始泛滥，也就是心中那些名为“不满”的奸细开始兴风作浪，我们就会身心俱疲，从内部开始彻底崩溃。

最终结果就是城池沦陷，在恶魔面前一败涂地。

仔细一想，不管周围的人有什么样的企图，不管周围的人在说什么，只要我们的内心保持坚定不动摇，任何敌人都无法攻陷我们。

佛陀所说的恶魔军队，有潜藏在我们自己心中的欲望、不满、饥渴，还有念想。这里所说的念想，是某种空虚不满足，有所渴求的状态。因渴求而痛苦，并追求得到的状态。

第五军团惰性和困倦，经常作为一个组合出现在佛教的书籍里，是指想睡觉之前意识混沌的状态。

比如说，我们很多时候都会感到工作太无聊，整个人困意无限，打不起精神。正是因为对这份工作我们的脑内信息处理结果是“无聊”“没意思”，所以我们才会打不起精神。如果我们不采用这种思维方式，如果我们积极地去面对工作，集中精力去高效对应的话，即使是同样的工作，我们也会感到其乐无穷。

因此，恶魔不是“无聊的工作”，而是“觉得工作无聊，所以才打不起精神的心态”。

然后讲讲“恐惧”。产生恐惧的力量源泉，只能是妄想。

当你在一个伸手不见五指的黑屋子里踱步的时候，你会处于一种高度戒备的状态，生怕周围会忽然出现什么。我们经常会想象在那些看不见的地方，会忽然出现一些其实根本不存在的恐惧对象。当这种恐惧开始攻击我们的内心时，我们就会无法保持平静，很快陷入一片混乱。

再来说说掩盖和逞强，以及通过弄虚作假获得的利益、名声、尊敬、名誉，还有骄傲自大……还有很多后续的军队。我们总是在不自觉地想要操纵自己的形象。

比如说，当别人看不上自己时，我们经常会下意识地伪装自己，装出一副亲切的样子，满脸堆笑，塑造出一个“出色的自己”。不过，通过伪装自己获得尊敬，抑或是好感，那只是演技，你会觉得很累的。

这些恶魔欺骗了我们，并在不知不觉中增加了我们的痛苦，让我们沉浸在很多不必要的纠结之中。所以我们要给自己的心灵放哨，不让这些恶魔得逞。

冷静观察对方的混乱和痛苦

我曾听一位编辑说，以前在工作上发生过突发状况，以至于混乱得无法着手开展工作。

当时，这位编辑正在策划制作一本图书的封面，作者当时已经承诺书面文字OK，可以随时下厂印刷。但就在准备下厂印刷的时候，作者忽然提出修改要求，相关业务只好暂停。当时，这位编辑要努力劝说作者，告诉他距离印刷的截稿日期已经没有时间了，还要向相关人员道歉，让他们耐心等待。那段时间，这位编辑每天都处于慌慌张张的忙乱状态，头脑发热，心跳加快，以致身体出了问题，都快吃不消了。

最终，为了尊重作者的意向，紧赶慢赶，总算在最后时间应付过去，一切又恢复了平静。但从此之后，这位编辑留下了后遗症，经常心跳加速，一段时间内无法集中精力工作。

对于在最后关头忽然提出修改要求的对方（作者），这位编辑还是抱有愤怒和不满的。因此，才会在身体上出现问题。

当我们因为一些事情动怒时，我们一定觉得生气发脾气对自己是有好处的。其实，那是因为我们被心中的恶魔军队打败了，生气就意味着我们已经丢失了心灵的城池。

为了守护城池，站在对方立场上试图去理解对方的难处，可能是一种比较有效的方式。

“之前都说OK了，现在又说NO，啊，真够可怜的。这个人现在正处于混乱状态。”你可以试着通过这种方式去观察对方。

为什么呢？因为如果那位作者是全盘仔细考虑过的话，他应该会得出一个判断，已经没有变更的余地了。因此可以看出他还是没有弄明白所有相关工作的环节以及流程，他是在无知的状态下做出还可以修改的判断。

之前可能是为了扮演好人，没怎么仔细考虑就说OK了。他是出于一种惯性，条件反射般地说出那个“YES”的。因此，这位作者还没有真正拥有过自由（请参考《接受不自由》）。也正是因为他之前说的“OK”是出于一种条件反射，所以他自己最后也搞得很痛苦……如此这般，通过冷静观察对方的混乱和痛苦，可以让自己的心绪恢复平静。

可能很多人都觉得这种“自上而下俯视”的态度太傲慢了，不好。但实际上，通过这种方式可以在精神上处在一个比对方更高的位置，能够让自己的心情迅速平静下来。

还有，比观察对方更重要的是，审视自己的内心。可能你会觉得是因为对方的所作所为导致自己的心灵城池被攻陷。其实，只要你不介意，不管对方做什么，你的心都可以做到百毒不侵。真相是，我们对对方的所作所为产生厌恶、生气、疑惑，以致乱了阵脚，最后导致自己心中发生内乱，心灵的城池被恶魔的军队攻陷。稍加反思，你就可以领悟到这一点。

确实，对方提出的要求是无理的。不过，老是计较纠结这些，和自己较劲的其实是我们自己。现在，对方已经不在眼前了，我们自己也没有接到过任何要求我们反复回想不断折磨自己的命令。是的，真正让我们陷入痛苦的不是“无理的要求”，而是“不停地回放那些无理要求，不断地重复不愉快的刺激的心”。是的，恶魔不是对方，而是一颗庸人自扰的心。

能想到这个程度，针对对方的愤怒就可以平息下来。于是，你就一定可以坚守自己内心的城池，保证其不被攻陷。

镇压恶魔的军队
那些工人也真够累的，辛苦了！
咚咚咚，哐哐哐
施工真够吵的。
恶魔的军队开始造反了
烦啊烦
不过……
眯一小会儿，就睡五分钟……
咚咚咚
大谎话
恶魔的军队获得压倒性胜利
睡魔队
第五军队是最强悍的！
不行不行，被恶魔打败了。

第二章

让纷扰的心平静

好好做自己力所能及的事情，就不会焦躁

Lesson 10
严于律己

为了改变别人，我们在诲人不倦之前，首先要给自己扭曲的心做一个手术。可以说，只有先梳理好自己的心绪，才有资格给别人提建议。这样，才不会遭到诸如“你自己如何呢”之类的反驳，才不会言行不一，才能一直保持清醒的状态。

教导别人的同时，自己也要说到做到，这也是为了自身。只有把自己的心思都梳理得清清楚楚明明白白的人，才能帮助别人理清思绪。

而“自己”是最难以控制的。因此可以说，试图控制自己的努力是非常有价值、非常帅、非常酷的一种行为。

《法句经》158～159

在这个社会上，我们每个人都要在学校里接受老师的教育。不过，在孩提时代，我们虽然表面上都对老师充满了无限的尊敬和爱戴，但嘴上不说，内心深处多多少少都对学校的老师抱有种种不满和不解。这是为什么呢？

因为老师这个职业要求老师们必须要讲一些堂而皇之、看上去都是大道理的话，至于能不能身体力行那就不一定了。事实上很多老师对于那些天天挂在嘴边的大道理，自身都没能做到。

老师说同学们要亲切待人，可是老师自己未必能做到保持亲切。

老师说同学们要平等相处，可是老师自己却偏爱某些学生，甚至对个别学生还带有歧视。

老师说同学们要顾全大局，不要自私自利。可是老师自己却经常会为些鸡毛蒜皮的小事生气抱怨。当学生们吵闹时，老师经常也无法控制自己的情绪，没能耐心引导，却大发脾气，甚至以大压小……

当孩子们每天在这些言行不一的老师的耳濡目染之下，就会讨厌那些所谓的“道德准则”，就会心生“反抗”，因为他们知道，那些堂而皇之的话都是谎言。

如果一个老师，真正能够做到平等对待每一个学生，能够在学生吵闹时用自己的自信和威严提醒大家，能够在学生中树立自己的威信和领导力，那么学生们自然也会听他的话。

这里所说的就是“己所不欲，勿施于人”。我觉得自己都做不到的事情，就不要强迫孩子们去做了，甚至最好连提都不要跟孩子们提。

因为，大人的言行有可能会给孩子造成更大的伤害。

孩子们会觉得为什么大人们都嘴上说一套，实际做的又是另一套。是他们说的不对吗？应该不是，肯定是那些大道理连大人们自己都不想去做。或者说，那些大道理，真要老老实实去实践的话会吃亏的。所以，还是怎么舒服怎么来吧。于是，孩子变得越来越任性也就不奇怪了。

再进一步说，如果大人们要求孩子们听话遵守规则，亲切待人，孩子们也做到了，大人们也许就轻松了。于是，孩子们敏感的心就会觉得，大人们是在为了自己的利益，给小孩子们洗脑。

举个例子，大人们自己懒洋洋地看电视，却对孩子说："赶快去学习！"可能孩子们就会想，大人们自己都不想学习，却老是让孩子去学习。看来学习就是学给大人看的。

如果社会上的伦理和道德，都是从那些连自身都做不到的人嘴里说出来的话，孩子们就会误解成，这些好听的大道理谁做谁傻，谁做谁吃亏，反倒是到处去指示别人做显得挺威风。

其实这些对孩子们提各种要求的家长，他们自己也是在这样的老师和父母的教育下长大的。所以可能连他们自己都没有意识到，在他们的潜意识里，大家都觉得做好事吃亏。

那么，比如说亲切待人、助人为乐这些好事，如果真的做到了，到底能带来什么呢？大脑并不会因此而产生快感，也不会因此而多分泌出多巴胺，以至于兴奋不已，更不会因此而分泌出一些导致负面情绪的物质。不过，当你亲切待人、助人为乐之后，你会发现你的内心更充实了，你甚至开始意识到什么是幸福感。

"对别人好，助人为乐，其实也是为自己。"明白其中滋味的人，自然会继续对别人好，继续助人为乐。而如果让这些人用自己的体验自信地去传播“助人为乐也是为自己”的道理，那就相当有说服力了。

实际上，能做到这点的人，都会洋溢着发自内心的幸福。在他们人格魅力的感召下，身边的人也会不由自主地去模仿他们。

日文中的“学”字（念“manabu”），据说是从“模仿”（manebu）发展而来的。所谓的学，其实就是模仿那些自己认为值得模仿的人。

身体力行的人，他们的话是最有感染力和说服力的。因为在实践中已经获得了充实的心灵体验。他们的话里有真实的事实依据，他们的思路清晰、情绪饱满、表情自然。

而那些言行不一的人，他们的话就很容易变得逻辑混乱，让人难以信服。

因此，我觉得诸如道德修养之类的课程，就不应该让学校的老师来传授，而是让那些有很多亲身体验、阅历丰富、心灵充实的过来人来讲。

自己尚未实践尚未验证过的事情，就不要去劝诫别人

“己所不欲，勿施于人”这句话不仅适用于大人和小孩之间的师生关系和亲子关系，恋人之间、朋友之间、上司和下属之间同样如此。

比如说当你被一个脾气暴躁的人弄得很烦，忍不住大声冲他怒吼：“你老是这样动不动就大发雷霆，你能不能冷静点儿！”此时此刻，这样的话是没有一丁点儿说服力的。

因为你在告诫别人不要乱发脾气的时候，你自己已经控制不住情绪，实际上已经是在发脾气了。被你告诫的人，他会觉得你不让他发脾气，自己却

乱发脾气，他要不发脾气那就吃亏了。因此，他只会把脾气越发越大。

自己都做不到、做不好的事情，说得再有道理也没有用。

真正淡定的人会平静地对正在发脾气的人说：“如此动怒会伤身的。”于是，对方就会觉得只有自己在生气，别的人都很淡定，他就会觉得乱发脾气反倒是吃亏，情绪自然就会慢慢平复下来。

我们一般都不太会对别人说“人不能有欲望”，可能很多人都会说，“禁欲”这种大道理，怎么跟别人说啊。而事实上，在我们的潜意识里，我们很想对别人说“请克制你的欲望”。

这是为什么呢？我们经常对别人说：“废话少说！”“不要太自私！”其实这个时候，我们真实的心声是想告诫对方：“你的欲望太强了，请控制一下！”

当你想对别人说“别吹牛啦”之类的话时，请控制一下你自己，因为这是说教。因为在我眼里，这和学校的老师给学生上道德课一样，是毫无意义的。

这样说来，你可能会觉得“道德”这个词实际上和我们的现实生活是无缘的。用道德的基准来判断正确与否，就会在不知不觉中变得喜欢批判别人。

可结果往往是，自己都做不到做不好，所以对别人说多少都没有任何意义。

因此，当你想要劝诫别人的时候，请先管住你自己的嘴。你要先自省一下，自己是否具备足够的把握和说服力。

最好的方式是先改造自己，从自身开始做起，然后再去影响别人。

退一步来说，自己暂且做不到或者还没实践过的，就不要跟别人提，保持沉默。一般来说，我们都容易觉得还是说一下比较好，其实不是的，有时候沉默胜过一切。

自己都做不到的事情，却要求别人做到，这是最不贤明的做法。这种劝诫，最终只会导致对方发怒、不接受、不听。于是，双方就会产生无休止的争执，以至于我们自己都陷入了迷茫、困扰甚至痛苦之中。

“说了那么多遍都没用。”当你说这话的时候，你会觉得很无助，很没有成就感。而如果你从改变自己开始，用自己的身体力行来影响别人，对方就有可能会听进去。

当你特别想对别人说一番大道理的时候，请先等等，把这一冲动当作审视自己的契机，先从改变自己做起。

总是这么一个劲儿地吃零食，你自己觉得呢？
冰激凌
薯条
巧克力
兴奋就会导致失败！
早点起来，不就不用这么慌慌张张的啦！
汗，汗
让你喝你就喝！
这是个反面教师！

Lesson 11
战胜自己

把“莫生气”当作武器，

来战胜内心的“怨恨情仇”。

把“一颗积极向上的心”当作武器，

来战胜自己潜意识中的那颗“消极负面的心”。

把“分享”当作武器，

来战胜自己潜意识中的“吝啬小气”。

把“只说实话”当作武器，

来战胜自己潜意识中的“虚伪谎言”。

《法句经》223

谁都不想让自己变得很烦躁，大动肝火往往是在某些特定条件具备时，自然而然爆发的，那些消极负面情绪的爆发往往也是极其自然而然的。比如说，今天很困，就想懒洋洋地待着。或者说，吝惜自己所拥有的财物或想法，不愿意和别人分享。这些都是自然而然地发生的。

不过，如果任由这些负面情绪发展，恶势力就会在我们内心不断滋长。我们的内心是一个各种能量互相作用的磁场，这些能量中有的可以在我们自身内部形成自我破坏的力量，当恶势力在我们内心的磁场中越变越强时，就很容易产生负面情绪。

反之，如果你想摆脱内心的狂乱，也有一些可以让你的心绪稳定下来的善势力。不过，这些善的势力一般都比恶势力要软弱很多。

当我们想要压制住内心油然而生的怒火时，当我们想要把自己持有的技术与想法拿出来和别人一起分享时，当我们想要贡献出自己的一部分金钱和财物时，这些善的势力往往会因为太单薄太弱小了，转瞬即逝。你转念一想，马上就会觉得“哎呀，还是算了吧”。

而有的时候，想要做一件有意义的事情的积极想法还是能持续一段时间的，不至于马上消失。那是因为那一瞬间在内心的磁场中，防止内心变得狂乱的势力稍稍变强了。

这个时候我们能做的是，尽量避免“现在暂时先不要做了”之类的想法。你要意识到，“如果现在不立即执行的话，内心磁场的力量平衡很快就会崩溃。你的内心马上就会再度被恶势力所占领”。所以，你要好好守护内心那些善的力量。

我们经常说“一怒即输”，可以说，能够控制自身情绪保持镇静的人，在精神上就比那些心绪混乱的人占了优势。

所谓优秀的人，往往是能够俯瞰因果关系和逻辑法则的人。一旦发怒，看问题的逻辑性和客观性就会大打折扣，只有不乱发脾气的人才能冷静地统观全局。当你发怒的那一瞬间，就已经失去了综合判断力，你就像一只斗牛一样，只能看见眼前那块红布，被斗牛士指使来指使去。

所以，即使发生了特别令你生气的事情，你也要尽量提醒自己："啊，我已经有点生气了。千万不要动怒，赶快让心情平静下来。"这种意识能给予你力量，平静的力量会在你内心的磁场中逐渐地增长。如果你在日常生活中就能有意识地把自己往平静的方向引导，愤怒的力量就会慢慢减弱。

生活中经常会有些鸡毛蒜皮的事情让我们感觉很不快，如果你能不断地提醒自己："不管发生什么，都要用一颗不生气的心来战胜怒气。"那么，过段时间你就会发现自己变得不那么爱发脾气了。

记住，无论发生什么、无论遭到什么样的诋毁，都要对自己说："算了算了。"

珍惜你的善心，多做善事

举个例子，老公想在休假的日子里替外出工作的老婆做顿她喜欢吃的饭。

此时，在老公内心的磁场里，有那么一点儿念头，想用自己的劳动成果来讨妻子欢心。不过，这一善念如果顺其自然任其发展的话，是很难强大到足以支配行动的程度的。

当你想做老婆喜欢的番茄酱意大利面时，你需要先去采购。当你到了超市想要买西红柿的时候，发现已经卖光了，或者说，必需的各种食材的价格远远高于你的预期。于是，你就会想“西红柿买不到就算了，不做了”“没必要特意买这么贵的菜吧”，如此这般，你不断地给自己制造各种借口，最后是选择放弃。

或者，你会想起上周老婆也说要给你做好吃的，结果因为太累了就没做。于是，自己也就算了，不做了。

你在最终决定放弃前，因为食材和时间的关系，你会想，算了，就拿现成的番茄酱浇在意大利面上得了。也就是说，你内心对想要做的事情的标准可能会直线下降。

只要你想找借口，你的心是可以找到各种借口的。其实原本什么样的借口都是无所谓的，在内心的磁场中，想要取悦太太的善心刚一出现，想要放弃的负面能量就开始不断地侵蚀驱逐善的力量，什么理由都可以，只要是能把最终结果拉向放弃。

如果去的那家超市没有西红柿，可以去旁边的超市买。在制作番茄酱的过程中，不断地突破各种障碍，充实感就会油然而生。

比起用现成的酱汁调制的料理，特意用西红柿炖煮的酱汁更能让太太感到欣喜。能让对方感到高兴的事情，虽然有过放弃的念头，但最终还是做到了，那种成就感也能让自身体会到幸福。

反过来说，放弃了自己制作番茄酱，虽然表面上看好像变轻松了，但并没有因此而得到幸福。好不容易有心思亲自下厨，却因为一些很牵强的借口放弃了，你的内心会有一点点挫败感。对于自己的最终放弃，你会有些懊悔。人心真是一个矛盾的结合体。

因此，佛陀才会告诫我们，一旦动了善念，就一定要珍惜那些积极向上的念头，一定要战胜内心那些强大的负面势力。

当你想给自己制造各种理由的时候，一定要坚持住，在坚持的过程中，打败内心那些扭曲自我的恶势力，你会因此而感到充实。

这样一来，就不会因一事无成而残留下一丝一毫的挫败感和罪恶感。平常很多时候，我们就是因为那些借口，让自己在不知不觉中留下挫败感和罪恶感。

当别人有求于你时，无私地给予可以收获内心的安宁

大方地分享和给予是很难的。当我们教会别人某项技能时，我们总是喜欢强调："这是我教的。"

当我们向朋友们推荐"这本书很有意思"的时候，如果朋友很喜欢，我们就会觉得很欣慰。而如果朋友再向别人提起这本书时，如果朋友没有提到这本书是谁介绍给他的，我们就会觉得有些不快。"明明那是我推荐的……"

再举一个有点可笑的例子，明明是我们自己向朋友推荐了一部电影，对方忘了，反过来对我们说："那部电影很有意思，一定要看哦。"我们就会感到不快，然后到处宣扬，那部电影是我最先推荐的。

我们之所以会为这点小事到处宣扬，是因为在我们的潜意识里总觉得"我告诉你这么好的东西，你应该感谢我才对，你应该佩服我的品位才对"，类似的欲望无穷无尽。

这就是所谓的著作权之奴。其实只不过是在徒劳地增加自己的压力而已。所以，日常生活中要时刻注意压制自己内心的自我意识。当别人有需

求时，通过分享来保持内心的安定；对于自己所付出的，不求回报，忘掉就好。

经常做这样的练习，假以时日，你就可以战胜自己潜意识中的吝啬和小气了。

今天很冷！
昨天累得还没缓过来。
接下来还有好看的电视节目。
团队借口
好啦！去赛跑啦！
『团队意识』胜——
活动身体是很重要的吧？
流了很多汗，感觉很爽。
也就20分钟就结束了！
团队意识
赛跑后
这次很努力！大口地喝吧！

Lesson 12
不要撒谎

不管你在何处，和谁在一起，不要对别人撒谎。

一旦说了有违事实的事情，你的内心就会产生矛盾。

在不知不觉中，潜意识里埋下了纠结痛苦的种子。

也不要试图让别人去撒谎。

当意识到别人在说谎时，不要接受那些谎言。

自己的谎言也好，别人的谎言也罢，都要尽量避开才能往前走。

《经集》397

当你撒谎时，你自己心中那些正确的信息就会被不正确的信息所覆盖，记忆的联结就会变得很奇怪，思考时就会容易产生噪声。在我之前的著作《告别犹豫的心灵练习法》一书中，我曾论述过这点。在这里，我将从稍稍不同的侧面，分析一下所谓的谎言。

一个人想要撒谎的时候，一般都是什么时候呢？为了能让自己占便宜，为了能提升自己的形象，抑或是为了掩盖自己的缺点，这个时候，我们往往会忍不住想要撒谎。佛陀说，真正内心强大有力的人，会控制住自己，努力不让自己说谎。

为什么说撒谎不好呢？因为一旦你撒了一次谎，就会产生一种戒备心理，努力不让谎言败露。你要时刻注意保持自己每次说话的整合性，因为一旦出现前后矛盾，谎言就会败露，自己就会陷入尴尬。所以，你必须要记住自己说过的每一句谎言，时刻注意自己是否说错过话，这也太为难自己了。所以，我非常厌恶撒谎。

我的朋友中，有过这样一个人。因为工作关系，客户邀请他参加一个活动，他原本计划当天要去私人旅行。其实，他要是直说“我已经预订了旅行，参加不了”就好了，可是，就是因为面对的是客户，所以他撒了个谎，说自己那天有公务在身，谢绝了邀请。

当他沉浸在对旅行的无比期待中时，不知不觉忘记了自己对客户撒的谎，在微博上写下了“期待中的旅行即将开始”之类的话。过了一会儿，看到邀请自己参加活动的人在微博上写的评论，才意识到出问题了。于是，慌慌张张地写上“不过，旅行之前必须先完成一些工作”之类的谎话。因为一个小谎言，不得不继续不断地撒谎，真是自作自受。

如此琐碎的谎言都要一一记住，那也太为难自己了，因为内心一直无法真正地放松下来。一旦放松戒备，直言不讳地说话，就怕闹出自相矛盾的笑话来，于是，整天紧张兮兮的，一直处在戒备状态。

为什么？因为我们知道一旦谎言败露，对方就会对我们抱以反感。

可意外的是，很多人都不把撒谎当回事儿，经常撒谎，而一旦发现对方在对自己撒谎，就会表现出极大的反感，甚至还会想："这个人会撒谎，不值得信赖。"

因为我们会觉得如果对方冲自己撒谎了，那就是不把自己当回事儿，不重视自己。我们会觉得对方根本不在乎一旦谎言败露，是否会影响彼此间的关系，也就是说对方根本就不看重彼此间的关系，于是，厌恶感油然而生。

仅仅是看到别人在撒谎，哪怕与自己无关，也同样会产生反感。比如说，作为旁观者，看到很多人为了请假或者谢绝约会，制造各种谎言来作为理由，于是，逐渐地，即便对方并没有对自己撒谎，可能也会对对方所说的所有话都抱有怀疑："真的吗？""从之前的经验来看……""好像另有隐情哦。"

当谎言越积越多，结果，就会引起别人各种莫须有的怀疑。

当你对别人撒谎、伤害别人时，那面双刃剑总有一天会指向自己，对自己造成同样的伤害。因此，还是说真话最轻松。

当你想要撒谎的时候，停下来，静静地观察事实就好了

当你面对有些问题陷入不得不撒谎的状态时，怎么办好呢？

比如说，当有人问你"那天你在哪里"，你不想回答或不方便回答时，你可以搪塞一下："去了很多地方。""是啊，那天在哪儿呢？"这样一来，不用撒谎也可以应付过去，只是拒绝了回答而已。

把话说得模糊些，或者尽量不加任何理由地回绝，都比用一个谎言来当理由好。如果遇到非得撒谎的时候，我建议干脆什么都别说。

还有，经常会遇到的是，当我们在某方面希望得到好评时，我们会很自然地撒一些小谎。

明明自己觉得不妥，而对方觉得妥，就条件反射式地同意对方的意见。毕竟原本自己并不觉得妥当，所以一旦进入具体细节的探讨，就很难会有自己原创的想法。

自己实际上已经兴趣索然，再掩饰最终都会以某种形式暴露出来。于是，周围人就会觉得“这个人总是随声附和，说话很随便，不负责任”。那么有些人可能就会仅凭这点，认为你没有继续深入交往的价值，不值得向你掏心掏肺。

考虑到这些后果，还是不要撒谎好了。遇到自己有不同意见的时候，倒不是非得直言不讳地说：“这也太无聊太没劲了。”提及自身感想的时候，你可以说：“嗯，是吗？哈哈。”或者说：“我没法说。”“我可能还不具备对此发表感想的能力。”如此轻轻带过可能是一个不错的方式。

有的时候，在社交辞令上，很难直接予以否定。

比如说，谁谁谁的宝宝很可爱啊，谁谁谁的小孩很聪明啊之类。你明明觉得不可爱不聪明，却非要附和着说“是啊，好可爱啊，好聪明啊”之类的客套话，那该多累啊。

这个时候，其实没必要强迫自己说可爱，最好是基于事实讲出自己具体的感想即可。比如说，“这个孩子眼睛好大啊”“这个宝宝鼻子圆圆的”，等等。只是观察事实，说出自己感兴趣的地方即可。

“宝宝的睫毛好长啊”“宝宝的屁股粉嫩粉嫩的”，等等，倒没必要非得加上“屁股粉嫩粉嫩的好可爱啊”之类的。可能别的人都说“好可爱啊”都说滥了，我们只要说出自身感兴趣的地方就足够了。

如果你真的觉得很可爱，衣服搭配得很好，那就直说。如果你觉得对方的服装搭配得一点都不好，而又被问到感想时，那你就说：“这样搭配挺有意思的。”只是停留在事实的观察层面就好了。

当对方要求你评论他的想法时，你也没必要非得强迫自己说“真是个好点子”。为了具体表示你对他的想法很有兴趣，你可以说：“这个点子和那个点子一组合，就更有意思了。”用这种建设性的意见来反馈，是种很不错的方式。

虚伪地撒谎说“这个很好”，那是在偷懒，在应付。原本可以有一些更具体的反馈，却自以为只要说好，就能让对方感到高兴，这是一种非常单纯的想法，导致我们随随便便地到处撒谎。

平常，我很努力地克制自己尽量不要撒谎。但尽管我很努力，可是每年还会不自觉地撒两三次谎。

比如说，当被问到是还是否的问题时，原本按照事实的话应该回答“不”的，但很多时候我们都会觉得回答“是”会对自己有利。不是自己要说，而是顺着对方的话说，此时撒谎带来的心理负担会稍稍少一些。这个时候，很容易不经大脑思考，轻易地就说出“是啊”“嗯”之类的话。因为我们总是担心一旦说“不”的话，会引起很多讨厌的麻烦，而且也不利于自身的形象，所以我们最终被击败了，违心地说了“是”。

无论是这种轻微的谎言还是更加重大的谎言，撒谎最不好的就是，通过说一些违心的话，给自己的内心加重了负担。

处于自然状态的时候，我们可以自由地随心所欲地说出自己的想法。如果没有利害关系的话，觉得有趣就说有趣，觉得无趣就说无趣；觉得干净就说干净，觉得脏就说脏。

可是，我们总是会顾虑对方的想法，明明不觉得干净却非要说干净。虽然说得很自然，但毕竟是在强迫性地扭曲自己，是在给自己的心灵加重负担。

因此，当你身处不得不撒谎的场合时，你会觉得很累。为了不让自己陷入痛苦，那就一起来练习不再撒谎吧。

昨晚去哪儿了？
和你在同一片夜空下……
当时你和谁在一起？
活在当下的同胞……
你是不是已经不爱我了？
头发看上去很蓬松啊……
你这话什么意思？
我可没撒谎……
没有撒谎，也没有同情……

Lesson 13
行善积德

不懂心灵法则的人，

不会意识到自己的恶行、恶语和恶念所造成的负能量已经侵蚀到自己的心灵。

不懂心灵法则的人，

不会意识到这些负能量经过充分的发酵，终有一天会孕育出恶果。

在孕育恶果的过程中，

他还自以为自己很快乐很享受。

负能量会不断累积孕育，

等到要承受恶果的那一天，

愚者终将要承受痛苦的煎熬。

新鲜的牛奶发酵凝固成酸奶，是需要花费时间的。

你心中的负能量不断积蓄，不断孕育恶果的过程就像定时炸弹一样，同样需要一个过程。

就像灰烬中残留的火光还会倔强地燃烧一段时间一样，负能量同样会不断地熏烤你的心灵，不断地破坏和侵蚀你的形象。

《法句经》69、71

在这一章里，我们来讲讲人的因果报应。佛教中所说的“业”是一个含义非常深奥的词，我们可以初步理解为“内心所积蓄的孕育新感情的能量”。“业”是在过去所有原因与结果的连锁反应基础上，诞生的新的感情。

比如说，偷东西被警察抓住，这件事虽然也确实是原因和结果，但“业”的范畴要更广，不仅仅限于这些。你的所思、所想、所为，都会在心中留下印迹，这些能量的余波会孕育出新的感情，作为结果，我们就会产生或积极或负面的情绪。

所谓的“恶有恶报”包括赌博、说别人的坏话、说谎、狡辩等，这些都是会在心中留下欲望和反感的行为。

如果不及时扭转这些言行，在这些欲望和反感的基础之上建立起来的思考模式本身，就会孕育出强大的负能量。比如说，当你心中在想，“这个不好吃，讨厌”时，这也是一种负能量。因为你觉得不好吃的时候，内心就已经注入了一股怨气，与此同时，内心就已经开始积蓄负能量。同样，你嘴上抱怨对食物口味的不满，也是在积蓄负能量。

佛教中所谓的“业”，其实就是指内心的能量。你的所思所想，都会在内心留下一颗种子，种子所包含的能量的余波会在十分钟、一个小时、一个星期，甚至一年后依然存在影响，让你不断地重复相应的喜悦或悲伤。

比如说，一个小学生觉得自己受欺负了，他就会躺在床上开始妄想“我要征服班里所有的同学。一旦我征服了大家，那一定是件很爽的事情”。于是，他的内心就会留下强烈的印象，在心中不断地呼喊“我要征服，我要征服”，这一内心的呼喊不断地在心中回荡，导致他下一次的思考也很容易带上任性狂妄的色彩。

一旦开始这种妄想，面对自身无法随心掌控的现实，感觉自己被欺负的印象会越来越强烈。那种煎熬的感觉，也就是痛苦的程度，会日复一日，愈演愈烈。

第二天到了学校，就会看什么都不顺眼。强烈的刺激会在心中不断产生波纹效应，不断地影响自己的情绪。在这些心灵余波的影响下，回到家后，可能会产生更加离谱的妄想。

“要是班里的男生女生都成为自己的奴隶就好了。”一旦有了这样的妄想，内心的波纹就会进一步扩大，再次影响之后的情绪。如此这般，每时每刻都逃不出。

而往往这个时候，我们自己是完全意识不到的。是因为对现实的不满，引起了我们的妄想，而妄想这个过程本身就是一种煎熬。我们甚至误以为类似的想象很爽，感觉像吃了蜜一样。而实际上，正是因为这些妄想导致我们在学校里看什么都不顺眼，负能量不断积蓄，就像牛奶一样在发酵的过程中凝固。于是，妄想就会在不知不觉中变得越来越离谱，陷入一个永无止境的恶循环。

纠结于痛苦的回忆是在还作孽的债

仅仅是感觉寒冷这件事情，当你心情平静情绪不错的时候，你不会觉得“真是的，那么冷简直烦死了”，你只是觉得“啊，有点冷”而已。

也就是说，当你觉得“好冷哦，烦死了”的时候，那是过去的负面情绪不断累积，心灵的余波不断地把影响扩大，最终导致的痛苦结果。

再举一个例子，电车中有人在用手机接电话。你可能会觉得“这些不懂礼貌规矩，没有公共意识的人真够烦人的”。但如果遇到你心情好的时候，你可能就不这么想了。

如果你想保持一颗平静淡定的心，你就要不断地往内心注入能让心情保持平静的积极正面的能量。反之，一旦负面的情绪开始在内心不断地扩大波纹，烦躁的声音就会在内心不断地回响，同样的所见所闻，在你看来都是负面的、讨厌的，结果就成了庸人自扰，自讨苦吃。

这就是“恶有恶报，自作自受”的本质。电车里看到有人打电话也觉得烦，那是因为你自己心中已经积蓄了过多的负能量。

当你明白这其中的奥秘之后，即使你眼前出现各种讨厌的人和事，你也不会莫名其妙地动不动就生气，甚至大动肝火了。

随便在电车里打电话的人，是在给周围的人带来负能量。

在日本，人人都知道在电车里打电话会给周围人带来麻烦，但还是以方便自己优先。这种傲慢的思考模式支配了自己的内心，把自己的行为正当化了。

但这种行为会在内心造成非常强烈的紧张感，负面情绪的余波残留在心底，结果在电车里打电话这件事情本身必定会带来不好的回报。

而如果因为别人在电车里打电话而影响了自己的心情，那就相当于把别人造的孽移植到自己身上了，结果肯定也是要自作自受。所以说，和讨厌的人和事纠结较劲，结果只会伤害自己。

所以，对于那些正在作孽的人，就随他去好了。别给自己添堵添乱，随时注意自己内心是否有过度的欲望和怨气在滋生，这才是最贤明的做法。

接下来，再进一步思考一下佛教中的“业”。

比如说，当某个人在喋喋不休地讲个不停时，如果你觉得“太吵了，烦死了”，那是因为你的内心在这之前就已经积蓄了过多的负能量，你觉得烦是因为你在自尝恶果。

在这之前，你已经形成了爱抱怨的思考模式，一旦有了新的刺激，你就会条件反射，习惯性地将其列入抱怨的对象范围，你的抱怨就会越来越多。

当你的心中不断地回响着“好烦啊，好烦啊”的声音时，你就会在不知不觉中，很想反复体会这种烦躁的感觉。于是，你就会变得喜欢自寻烦恼，在不知不觉中，营造出一个让自己总是烦躁不安的环境。

最为强烈的是，几个人在不知不觉的状态下，互相传染负面情绪。或者说，无意中进入了一个爱抱怨的环境。于是，抱怨越来越多。你以为你遇到的尽是些讨厌的事，你以为什么都在和你过不去，其实只是你自己想要不断重复这种负面情绪，是你自己在自作自受而已。

当你了解了这个道理，你就会接受现实。即使遇到不好的结果，你也会用一种很好的心态去面对。你会觉得这不奇怪，这是你迄今为止所积累的负能量带来的结果，所以如今只能接受。你会用一种还债的心态来对待不如意的现实。

因此，当你心情不好的时候，可以说也是给你自身提供了一个还债的机会。如果你能想到这样可以抵消之前积蓄的负能量，你就会一下子觉得轻松多了。

不过，很多时候我们都会觉得自己很倒霉，又积累了新的负能量。这就相当于，面对一个难得的还债抵消的机会，你却不领情，非要说“我不还钱，我不想还”，甚至又给自己增加了一笔新的债务。

借债还债，到哪儿都跑不了。而那些愚者总是会被负面情绪所追逐，所以只会越来越被动，越来越悲观。

我不是说过吗？我还不了这笔债。
欠债不还！
哇，坏了！
为什么还是不明白呢？
又多了一笔债。
修理费两万日元。
自己真是的……
真对，要用现金来赔偿……

Lesson 14
品味孤独

品味孤独，好好享受心灵的宁静带来的从容时光。

一个人，与自己的心面对面，享受那份宁静与安详。

通过享受孤独，来找回“独自一个人”的力量。从此你就不会再害怕失去什么，你内心那些消极负面的行动、语言和感情也将烟消云散。

当你真正领悟了真理，也就是心灵的因果法则之后，你就能充分享受那份悠然和淡定。

《法句经》205

曾经，我们处在一个不得不忍受独自打发无聊时光的时代环境。

而如今，想和谁说话就能马上打电话和他通话，一上网马上就能看到和自己相关的留言，一开微博就能看到自己发表的见闻有多少人跟帖评论，等等，这些在从前都是难以想象，根本无法实现的。

这也就是最近几年的变化，至少我上高中的时候，人与人的社交方式就远未达到这种程度。无聊的时间，我会一个人看书，一个人听音乐，一个人睡觉，也只能干这些。

有的时候想找个人说说话，电话打过去，对方却不在。因为那个时代还没有手机，要打电话必须先通过对方父母的许可。赶上考试复习期间，有的时候好朋友的父母还会拒绝让孩子接同学的电话。

然而，今天这个时代，什么都是随时可以做到的，只要想取得联系，一切都很简单。日常的交流随时都可以通过各种社交工具来进行，除了手机，还有各种聊天工具可以用。但是，如今人与人的交流，却反而越来越不深入了。虽然每天都在通过各种只言片语随时随地在交流，但因为都是半途而废流于表层的，反而加深了我们的孤独感。

世间人与人之间所谓的“联系”，其实是一个很虚伪的词。在和某某保持着联系的错觉下，我们自以为互相都很了解，事实上我们根本就不了解彼此。

因为彼此之间的沟通都太轻浮了，越来越缺乏深入的推心置腹的沟通，所以现代人反而感觉越来越孤独。

如果以最初就没有语言交流为前提，寂寞作为最初的感受深深地烙印在心里，于是，在忍受孤独的同时，寂寞也会到此为止。因为我们已经具备了对寂寞的耐性。可是，现代人刚一认识，就马上会考虑通过各种方式保持联系，我们从来就没有在意过孤独和寂寞。

我们自以为彼此都保持着联系，所以我们都失去了对孤独的耐性。

因此，每当我们感到寂寞的时候，我们就会马上找人排遣，我们就会觉得，还是有人理我的。于是，我们对别人的要求和期待不断增加。一旦这种欲望得不到满足，我们就会变得非常烦躁。

在这里，我们把话题转换一下。可能大家都有类似的体验，遇到一点烦心事的时候，就会一整天都心情不好，而且会越来越烦。想吃东西，结果比平常多吃了很多，暴饮暴食，以致恶心。甚至因为午饭吃太多了，搞得下午的工作都没有心思进行下去。

本来晚上约好了和恋人约会，就等着对方指定见面的时间，结果到了下午6点对方仍然没有发信息过来。好不容易到了7点，终于来消息说8点可以见面。可是这么晚才来联系，那个时点已经有了一些不满，约会的时候，难免会对恋人大发脾气，甚至吵起架来。你会觉得，今天真是个特倒霉的日子。

是啊，经常会觉得今天真是倒霉透顶了。不过，静下心来好好想想，如果最开始不是因为自己的各种烦躁，应该也不至于发那么大脾气。

如果是平常那种冷静的状态，即使稍微多吃些，可能自己还是会有判断力的，适当地控制自己，不至于暴饮暴食到恶心的程度。正是因为我们过于烦躁，以致自暴自弃，用暴饮暴食来折磨自己。

一旦把愤怒的火焰在心中点燃，心情就会习惯性地反复回放那些令你生气的事情，让你越想越生气，火气越来越大。结果甚至会爆粗口，大骂脏话。

恋人来的联络晚了，为了这点事生气其实也是自作自受。这个时候，我们到底是怎么想的呢？对方迟迟定不下来见面的时间，就说明对方不够重视自己，因此我很生气……如此这般，我们要是这么想就会很容易被对方激怒。

而真相是，在此之前，愤怒的力量已经在孕育了，借由自己心中的某股怒气，我们进入了发怒模式，在这种模式下，任何事情都会让我们更加生气愤怒。如果是和平常无异的精神状态的话，7点来电话8点能见面，真的不至于生那么大气。

也就是说，即使恋人按照预定的时间来电话指定约会时间，当天的你也会因为诸如“料理的味道不好”等别的原因大发雷霆。

偏偏在那个时间生气是由自身内部决定的，只是赶上这次发脾气的对象刚好是眼前的恋人而已。也就是说，即使恋人没有成为发脾气的对象，也会有别的人，甚至别的物品成为你的出气筒。在我们的世界里，我们和“眼前的对象”其实没有必然的联系。我们是孤立的。

上司说几句话我们就生气，恋人态度冷淡了点我们又生气，那正是因为我们都存在一种幻想，误以为世界真的是可以共享的。

实际上，我们的内心是封闭的，只会按照自身积蓄的能量来运作。所以我们每个人本质上都是非常孤独的。

好好想想吧，我们自己度过的每一天，和对方所度过的每一天，互相之间都是独立的，根本不是真的在一起的。每一周，每一个月，每一年，甚至一辈子，都是互相独立的。我们只不过是在其中的某一瞬间，互相交会了一下而已。

可能乍一看，你会觉得难以接受这个事实。如果你明白对方是活在一个独立的世界里，即使对方做了些不合我们心意的事，我们也不会和对方较劲，只是感觉有些不舒服不愉快而已，我们不会因此而怪罪对方。我们很快会调整好自己的心态，不会去责备甚至攻击对方。做到了这些，两人之间才能够逐渐构筑相对圆满和谐的关系。

要学会发现孤独的自我世界里所隐藏的问题，这也是为了自己好。

和他人共享的幻想会产生各种各样的弊害

我们很多人都以为“世界是共享的”，正是因为这个幻想，才会产生各种弊害。

比如说，和恋人一起去听音乐会，共同留下一段快乐美好的回忆。但各自对这位音乐家的感情和各自对乐曲留下的印象以及由此产生的联想，都是各不相同的。表面上看，都觉得很享受，貌似达成一致了，如果因此你就觉得世界是可以共享的，那你就错了。因为从深层来看，各自感动的程度以及所融入的感情都是不一样的。

我们的感受，是通过我们记忆中的过滤器（佛教里称之为“想”）来解释的，所以，感受是会变化的。每次的见闻，通过“想”这个过滤器，再参照那些潜在的大量的过往信息，在这基础上，才会产生或好或坏的心情。

因此，即使同样都感觉很快乐，但通过不同的记忆过滤器，留下的印象肯定是不一样的。世界上不可能存在两个人，从出生开始都有着完全同样的体验，拥有完全同样的感情。你也无法把某个人的记忆完全复制移植过来。

我们在世界是“共享”的这一幻想的基础上，经常会误以为彼此心有灵犀，结果，我们就会觉得“你应该和我想到一块儿才对”“你应该和我有着同样的感想”。我们试图强迫别人和我们想到一起，除非把自己的记忆复制给对方，否则这是不可能实现的。

从某种意义上来说，每个人都是一个宇宙，虽然彼此之间会有交会，但每个人自己都是一个孤立存在的宇宙。

如果你不能接受“自己是孤立地存在于自身这个宇宙中”这一事实，原因就在于你对外界有着强烈的依赖，你总是觉得“我好寂寞，大家都来关心关心我，都来爱我吧”。

我们都怕寂寞，所以我们沉浸在“彼此都是联系的”“共享的”这样的错觉之中。这就是人际关系出问题的原因，因为我们总是拼命想要说服对方，希望对方能和自己站到一起。

不接受孤独，就会产生世界是共享的这一错觉，结果就会对别人抱以各种期待和指望。于是，就会更加强烈地感到孤独和寂寞，这是一个死循环。

原本各自都是不同的宇宙，如果能认同这点，尊重每一个人，无论是夫妇还是亲子关系，都能保持一定的距离，就能以一种更新鲜的心态共度每一天。

“实际上世界是不可能完全共享的。”单纯地觉悟到这一点就够了。尊重人与人之间各自不同的世界，就能理智地处理好彼此之间相对独立的人际关系。

第一天
好吧，这个新年假期，要把手机和电脑统统关掉！
第三天
想看邮件……
还是等开始工作了再回复吧……
第五天
没怎么把时间浪费在无聊的事情上，每天都过得怡然自得。
第七天开始工作
哎？邮件也没有？博客也没有新的评论？
又开了一遍电源，还是一样？

Lesson 15
积极进取

“太冷了，打不起精神”“太热了，觉得恶心”“太晚了，想睡觉了”“太早了，还犯困呢”“肚子饿了，没有力气”“吃太多了，肚子胀”……如此这般，我们可以找到各种借口让自己偷懒。

如果你一直这样找各种借口让自己偷懒，你的财产不仅不会增加，而且你已经拥有的财产也会慢慢失去。

长部经典《六方礼经》

佛教里尤其讲究要戒掉“怠惰”。佛教主张人一定要积极进取。

我主张提倡“不纠结”，目的是要让大家集中精力做某件事情，让自己沉静下来思考。“不纠结”的意思是不要把时间和精力浪费在一些无谓的考虑上，而不是指什么都不想，只是懒懒地发呆。

在基督教里，怠惰被列为“七大罪”之一。基督教里，对新教徒，尤其强调要求他们全身心地把精力投入到工作中去。马克思在《新教徒的伦理和资本主义的精神》一文中分析到，鼓励新教徒式的“禁欲”般的劳动为社会做贡献的道德观和资本主义的发展是有密切联系的。因为很多人都是在这一道德观的指引下，不懈怠地努力工作，不奢侈，不游手好闲，依靠勤俭奋斗来积累财富。

日本也是一样，经常出富豪的近江商人中，世世代代流传着一种“三个有利于”的说法：“有利于卖方，有利于买方，有利于时代。”意思是说，每一宗贸易不仅要兼顾卖方和买方的利益双赢，同时必须有利于地域社会整体的幸福。我们勤俭努力地工作，不仅仅是为了自身，更是为了社会。这是一种基于伦理观的商人道德。

尤其是那些被称为富豪的人，就像现代社会的那些老总一样，要雇用很多人。虽然是公司的老总，但并不是说公司的一切都属于自己，只不过是一段时间内担任老总的职务而已。必须要有一种使命感，提升利润，回馈社会。

不要过度追求暴利，要制定消费者可以接受的价格，这样公司才能成为一个能被老百姓喜欢两三百年，甚至更长时间的常青树。也就是说，不能光考虑自身的利益，要从公司长远发展和社会形象的角度去考虑。一个公司只有获得好的口碑，才能生存下去。这是一个循环。据说近江商人中很多都是佛教徒，这些商人的道德观都是基于佛教中的教诲所形成的。

这种自古以来就有的，认为“懒惰不好”的伦理观，是深入人心的。然而，我们虽然都这么想，但实际上却很容易产生惰性。

佛陀说过，不要找各种借口懈怠工作。这些借口，对于我们的内心来说，就是欺骗自己。

一般来讲，我们很少有人从最开始就想懒洋洋地虚度每一天。更多时候，我们刚开始都是很想努力的，只是因为找到了一些借口，慢慢地就松懈了。比如说，如果看到同事没有像自己那样全力以赴地工作，就会觉得别人都不干活，我干吗那么卖力呢。于是，就变得没什么干劲了。借口这种东西，只要你想找，任何事情都可以成为你的借口。

比如说累了，比如说身体不舒服，比如说打不起精神，这些经常会成为我们偷懒的借口。如果身体真的吃不消了，那就赶快休息，尽快恢复体力继续努力工作。

我们再来深入分析一下，原本人为什么会想偷懒。

如果前提条件是“不想工作，就想懒洋洋地，这样感觉轻松”，毕竟“平常都在工作”，那么之所以想偷懒是因平常很忙，不想老是那么忙，想适当解放一下自己，调整一下心情。而实际上，一旦停止工作，一直是懒洋洋的状态的话，这种状态就会从轻松变成痛苦。

举个例子，经常听说很多人努力工作就是为了退休以后能做自己喜欢的事情，然而一旦到了退休那一天，反而压力变大，甚至患上抑郁症。

工作上不松懈，这样的生活每段时间都会过得很充实，很有成就感。真正努力的人，不会去想很多无聊的事情，生活保持适度的节奏，每一天都过得很有效率。

怠惰是掩盖自己的痛苦，苟延残喘

据说，2009年那个时点，在日本有63万人不工作也不学习，他们被称为“neet族”。

这些人不工作，看起来过得很轻松，但精神上是否充实，那就难说了。我觉得他们的精神压力应该是相当的大。

有些人原本不是“neet族”，他们想工作，却被炒鱿鱼了，他们找不到工作岗位，无法工作，这些人很明显地会感到压力巨大。但对于那些压根儿不想工作的人，那就更痛苦了。刚刚我们论述过，从忙碌的工作中解放出来，懒洋洋地度个假感觉很爽很不错。而如果一直是这种懒洋洋的状态的话，心理差距就没有了，就会感觉“这种日子过够了”“好烦哦”。其实在我们的内心深处，我们对于懒洋洋的状态，一直抱有深深的罪恶感。

成天在家里逛荡，看起来可能感觉很轻松，但自己内心很清楚，周围肯定有人看不起自己，社会也不会给自己肯定的评价。

古代佛教的经典书籍中，经常会出现这样的语句，“有智慧的人不会去做会遭到别人批判的事情”。一般来说，如果知道自己做了明显会遭人鄙视背后指责的事情，就不可能拍着胸脯自称自己是个多好多好的人。

所谓的罪恶感就是指，存在于自己内心的裁判官责备自己的状态。为什么自己会这么没出息呢？罪恶感就是自己责怪自己。

要想让自己内心的裁判官保持沉默，必须给心灵以强烈的刺激。我们长时间沉迷于网络游戏，长时间沉浸在漫画世界里，以及上网成瘾，都是在给心灵以强烈的刺激。

为什么呢？因为如果不持续埋头干一件事情的话，一旦按下暂停键，自己就会感觉被暴露了，裁判官就会开始责备自己。

如果一直是这种浪费时间虚度光阴的状态，能觉得幸福吗？

长时间让自己沉迷于某种快感之中，表面上看似乎应该能觉得很爽，但潜意识中却陷入了一种不断自责的痛苦状态。表面上很兴奋和快乐，背地里却潜藏着无尽的纠结和痛苦。

可以说，这是一种压力非常大的状态。

人们之所以会沉迷于游戏或网络的虚拟世界里，大多是因为在现实世界中，自己正处于一个不得志并且得不到肯定的痛苦状态。现实中得不到肯定的挫败感，变成一种良心的呵斥和罪恶感，内心的裁判官就开始不断地责备自己。

结果，所谓的怠惰，可以说就是掩盖自己的痛苦，苟延残喘。

如果一直这样掩盖自己的痛苦苟延残喘下去，就会变得越来越无法直面现实中的自己。

更进一步说，正是因为任何人都知道懒惰的坏处，所以必须要有借口。

即使是那些不想工作的年轻人，他们也应该都有各自的借口。

“原本我应该能成为世界一流的设计师，可是在学设计的专业学校里，没有才能的老师误人子弟，把我给害了，我那伟大的天分被彻底埋没了。与其做个不入流的设计师，那还不如放弃这条道路。”如此这般，每个人都会有各自的借口。因为人都有自尊，当自己不认同现实中的自己的时候，就会用各种借口来掩饰自己，让自己感觉上稍微好些。

这些处于懈怠状态的人，正如佛陀所说，不仅得不到新的财产，而且原本已经得到的财产也会相继失去。懒惰只能害了自己。

所谓财产，除了文字所直接代表的泛指金钱等物质性的财产，还包括精神层面上所积蓄的智慧和心灵的能量，因果报应也包含在内。直面现实中的自己，接纳一切，你所收获的心灵的安宁以及通过努力工作所收获的充实感，都会成为极其重要和珍贵的财产。

咦？明天就是最后期限？
那今天必须得看完！
这个特别节目如果不看的话就太吃亏了。好忙啊！
啊！下周的聚会，还得去现场勘察。
糟了，糟了
不管怎么样，明天的截止日期是不能延期的。
有罪
薯条

Lesson 16
接受限制

你的意志不属于你。

因为如果你的意志是属于你的话，你的意志就会完全按照你的意图来。可是，实际上却未必如此。

相应部经典《无我相经》

在这一章里，我们将一起探讨一下，我们到底有没有自由意志。

比如说，关于佛教的冥想，某人想开始练习，或者不想练习，这些想法是这个人的“自由选择”吗？

如果最初的契机是因为这个人读了佛教的书，了解到诸如“通过冥想可以克服人际关系的问题”“冥想可以促进心灵的成长”等，同样接触到这些信息，有的人会觉得“那就试试看吧”；有的人可能会想“没什么用，不用练”；还有的人会觉得“压根儿就没有练习的冲动”。

那些当时出于条件反射觉得不想练的人，他不可能会再去想通过练习来掌握这项技能，反之，即使当时出于条件反射很随意地就决定要开始练习的人，虽然有各种各样的借口来打断这个念头，比如说“太浪费时间了”之类的，但最后可能还是会开始练习。这是对大脑输入的信息的自动反射和反应。

这说明，其实想要做也好，不想做也好，不做也好，这些选择的余地，可以说根本就不在于我们自身。

再举一个例子，我们在孩提时代，父母总是教育我们“要多去体谅别人的心情”，不过，那是不可能做到的。

因为在我们自己的内心深处，我们都希望自己能了解别人的心情，而一旦成了自上而下强迫式的说教，内心就会条件反射式地出现抵触情绪。我们就会反驳说：“我当然会体谅别人啊。”

这种抵触心理是自然而然地出现的，这不是自由的意志。

如果一个人，能够深层次地理解“最好要体谅别人”这句话的含义，并发自内心地认同的话，就可以通过体谅别人来调整自己的心情。

不过，如果真的想去体谅的话，其实那还只是停留在一个表层，比如说“根据对方说的话，需要给他多大程度的震撼，才会让他心动”。这其实仍然只是条件反射，不存在自由意志。

面对说教产生的抵触情绪属于条件反射，被富有说服力的说法说服，做出一个决定，这也属于条件反射。

如此这般，虽然全都是条件反射，但我们没有意识到我们其实没有任何自由。我们还误以为一切都在按照我们自己的意图在推进，误以为一切都是自己的感情，误以为这就是我们自己想要的。一般来讲，大多数人都是这样的。

在本章开头的内容中，佛陀说过“意志不属于我们自己”。世上的人可以分为两种。

第一种是清醒的人，第二种是糊涂的人。

虽然，我们觉得自己都很清醒，但我们从来没有意识到我们之所以大发脾气，我们之所以有所渴求，都只是因为条件反射的作用。从这个意义上来说，我们是糊涂的。

原本没有自由，却对自由的存在深信不疑。明明只是像机器人那样被操纵，却自称“我不是机器人”，或者做着自以为自由自在的白日梦。这就是“糊涂”的状态。

一旦有了选择的余地就会纠结、容易生气

举个例子，某一瞬间，遇到了一个比自己优秀的人，当对方的信息被输入我们心里时，我们可能会条件反射式地觉得不悦，条件反射式地说一些酸溜溜的话。

一旦设定了某些特定的条件，某些邪恶的感情就会出现。我们的身体就是这样已经被模式化了，不管我们想不想要这些模式，条件反射都会发生。

有的时候，我们也会忽然意识到说那些酸溜溜的嫉妒话不好，这是我们自身产生的感情，非常非常重要，一定要好好珍惜。你要深信这是对的，并

坚决做到。

不过，“这种感情是随机地存在于潜意识里，并开始萌芽，这也不是自由意识，这只不过是怕触怒对方而产生的条件反射而已”。如果你能意识到这些，你就会对自身像电脑模式一样出现的意志失去兴趣，有些毛病也就立马能改掉了。

注意到了我们就会去做。摧毁条件反射的力量是“意念”，当你注意到自己想要做某事时，你要刻意地告诉自己：“虽然看起来像是我自己的意志，但事实上未必是。”于是，这些条件反射式的意志就会消失。

还有一点，说起来可能会有些复杂。这种“注意的力量”也是一种条件反射。

当你读了这段话后，你会刻意去注意，这也是条件反射。至于结果你到底会去注意还是不会去注意，也是基于你之前所积累的条件反射。

全部都是条件反射。不过，有一部分类型的条件反射，内部存在摧毁条件反射本身的力量，这就是“注意力”，也就是念力。佛教中的训练，就是培养这种念力。

这种“注意力”不是人类与生俱来的。当然，完全不具备的话，也就不可能培养出来。人的天性里稍微带了点儿，但必须通过反复使用，才能得到锻炼。

因此，当别的人还没有意识到，都还是条件反射的奴隶的时候，我们如果能率先意识到，就会变成清醒的人。

从日常生活中就有意识地去注意这点，总有一天，某个瞬间，你会突然意识到自己真的只不过是在像机器人一样条件反射。

当你注意到自己已经成为机器人的时候，你就不会再成为感情的奴隶。不仅仅是自己，要学会意识到自己身边的其他人，都是不自由的机器人。于是，你就不会和他们较劲，不会动不动就纠结，更不会轻易发脾气了。

当别人让你做你不喜欢的事情时，你可以这么去想："现在这个人处于完全不自由的状态，他之所以这么做只是出于条件反射。就把他当作机器人吧，没办法的。"于是，你就能接受了。

"除了这种说法，应该还有更好的说法"，这就是误以为别人还有其他的选择余地。我们没有意识到别人真的是没有其他选择余地了，我们和别人较劲就是在庸人自扰。

举个例子，地震来的时候，如果我们事先没有设想过会发生地震的可能性，一般情况下，我们只能放弃。同样，如果是自己的房子倒塌了，自己的车子被砸了，我们肯定会很生气。

实际上，当对方想要做某件事时，当他已经有这种冲动时，我们是没有办法阻止他的。

因此，我们只能接受，只能认为"这是没有办法的"。否则，我们大动肝火只会让自己痛苦。

"啊，这个人也是机器人啊，没办法，只能去习惯。"就这么想好了。

我们只能让自己去适应、去习惯这个世界。该来的都会来，挡也挡不住。

我们接受了这些思想，就不会整天风风火火，因为我们的心已经进入了一种不会轻易动摇的程序，这个程序可以让我们的心灵更轻松。

可以让我们的心灵更轻松的程序，就是明白自己和他人的感情无论到何种程度都是不自由的奴隶般的存在。意识到这一现实，清醒地明白现实就是这么残酷，从各种自以为自由自在的白日梦里醒悟过来，从机器人般的状态中解脱出来，把自身存在的不自由逐个逐个地分辨出来，你的心就可以卸下重负。实际上，这就是“无我”的本质。

当你把这些思想铭记在心时，至少今天你不会和任何人较劲生气了。

不好好报告的话，会出问题的。
对不起！
要更靠近本质一些。
要把自己的意图融入进去。
部长是机器人……机器人……
不能烦躁，烦躁也没用！
你一般都是这样
我年轻的时候……
这机器人快给我没电吧……

Lesson 17
活在当下

不要沉浸在对过去的怀念之中。

也不要沉浸在对未来的幻想之中。

过去已经成为过去的念想。

未来还只是虚幻的想象。

现在，你眼前正在面对的，

此时此刻，就在此时此刻，请仔细地观察，认真地体验。

不三心二意，不纠结摇摆，智慧的萌芽来自专注力的培养。

“此时此刻，珍视当下”，

集中你所有的意识，全身心地投入，

于是，你就不会再为明日而担忧。

中部经典《贤善一喜经》

这本《贤善一喜经》在日本被翻译成《日日是好日经》，非常有名。很多人的理解是:“每一天都是好日子，所以要让每天都过得充实愉快。”而原本“日日”的意思是指“每一瞬间”，这段话告诫我们要把意识停留在每时每刻，让每一个瞬间都过得充实有意义。

我们经常会沉浸在对过去的怀念和对未来的憧憬之中，尤其是过去，怀旧的力量是相当强大的。曾经的快乐、悲伤、憎恶，都会给予内心以强大的刺激，一旦有了契机，就会反复回味怀念。

如果你正埋头工作，忽然想起来：“啊，这个正是之前失败过的模式。”你就会开始焦虑，“如果还像上次那样失败怎么办？”于是你沉浸在过去的失败之中，无法集中精力应付眼前的工作。

如果把自己束缚在过去的经历中，就会妨碍自己全身心地投入眼前的工作中。

如果在认识眼前工作的那一瞬间，你的心任性地在过去和未来的时空里穿梭，那一瞬间，你将无法集中精力投入眼前的工作，抑或是无法享受和眼前的人在一起的时光。拘泥于过去将无法看清现在。

无论是曾经的懊悔，还是曾经的欢乐，都让这些往事随风而去吧。否则，你将无法看清现实。

一般来说，觉得当下的现实生活很无聊的时候，人们会特别怀念过去的快乐时光。因为现实生活不够充实，所以就要用过去的充实感来填充。

有的时候会遇到一些人，他们对自己的业绩和职业经历感到很自豪。这些人，希望通过对过去资历的自豪来让自己觉得自己很了不起。听者可能会觉得对方现在活得其实挺惨，本人可能也会觉得某种程度上对现实抱有不满，为了掩盖现实中的潦倒，所以会不自觉地向周围人强调："我曾经有多么努力。""我曾经有多顺利。"

结果，过度的自我吹捧反而引起了人们更多的鄙视和疏远。

长期下去，就会形成一种思维模式："现在过得不够充实，空虚无聊都没关系，曾经辉煌过就好。"于是，就更加容易虚度光阴了。

把自己的悲喜寄托在周围人的褒贬上是很危险的

回想一下，当我们真心感到充实幸福的时候，无一例外，都应该是全身心地投入"正在努力为之奋斗的事情"中的时候。

可能有人会说："明天将会有好事发生，所以我很兴奋，我觉得这种状态就是幸福。"但实际上如何呢?

还是个小学生的时候，我希望生日时家人能送我一个游戏机。我兴致勃勃地期待这一天的到来。到了前一天，我实在等不了了，就对家人说，能不能早一天得到那个游戏机。家人说不同意，"必须等到明天才可以"。于是，那一宿除了等待我什么也没干成。那种状态看起来似乎是快乐的，但实际上却是非常非常痛苦。怎么还没到? 受不了了，等不及了。在这种焦躁不安的状态下我没法安心做作业，几乎一夜无眠，第二天一大早就起床了。原本是一件值得高兴的事，结果却变得如此痛苦。这就是错觉。在错觉的作用下，我们的大脑把一些痛苦的事情当成了喜事来对待。

上班族中可能也有不少人在周五这一天抱着对周末的美好期待顺顺当当地把工作都处理好。也有的人会在出发去旅行之前，把工作都处理得井井有条。

那是因为有奖励的成分在，所以能够享受工作。长期这样跟自己讲条件的话，一旦没有了赞美和奖励，在内心形成了条件反射的模式，工作就会变成一件非常痛苦的事情。

也就是说，出于对周末的美好期待而在星期五努力工作的人，他们的周一将变得非常痛苦。或者说，如果周末没有值得期待的安排，可能星期五他们就无法努力地工作了。

他们只是为了奖励自己才努力投入眼前的工作的，他们之所以享受工作只不过是因为有奖励而已。这样下去，内心会对奖励和表扬产生依赖，工作就会变得越来越无聊，越来越没意思。

没有人逼迫自己，却自己被自己牵着鼻子走。很多时候，我们就是这样一种状态。

积蓄能量，时刻保持内心的充实

在佛教中，对于过去、现在和未来，都会用比一般的思维方式更短的时限去思考。

假设我来朗读这两行文章，每一个字都会代表新的意义。

把意识集中到正在发的音中，内心就会感到充实。同时，不能把意识停留在每一个正在发的音上，因为很快那就会成为五秒前甚至十秒前的事情。当你强调，现在正在说的是最新的时候，其实更新的已经出来了。

再新的事物，也会在瞬间成为过去。

现在正在看的影像，正在听的声音，同样很快就会被更新的影像和声音代替。

所以，我们的内心总是会被束缚在过去和将来之中。所以，我们会感觉空虚，那是因为我们的心还不够紧贴“现实”。

如果我们不会品味眼前的现在，只会围绕过去和将来在心中不断制造富有刺激性的印象，我们的现实感就会欠缺，我们就会觉得空虚。

不要让心游离于现在，不要让过去和未来的信息夺走我们的心思，让现实的身体感觉和心灵感受紧密相连，临场感受就会大大提升。把所有的注意力都专注于眼前的事物，在每一个瞬间，仔细观察，随时关注眼前的变化，这就是感受当下。

不要留恋刚刚喝过的那杯茶，不要憧憬下一杯茶的味道，就好好地享受眼前这杯茶好了。

让每一个瞬间都心灵充实地度过，日积月累，当未来的时刻来临时，你所经历过的过去全部都是充实的。佛教就是这样一种心灵训练，让你学会品味每一个瞬间。

时刻保持对“此时此刻”的专注，把意识从过去和未来中拉回到当下。

做到了这点，无论什么时候，都能让心灵迅速恢复到平静。

不要让你的大脑忙于处理过去和未来的信息，把精力集中于当下，你就不会再为明天担忧了。

哎呀，来不及了。
怎么办呢？
上次好像也是这样，但最后还是顺利通过了！
而且上次吃的年糕火锅很好吃啊！
沉浸于过去之中
这次吃什么好呢？烤肉好呢，还是吃特色菜……
查查看有什么好的饭店……
憧憬未来
现在可不是干这些的时候！
浪费两小时

第三章

认识真我

彻底认识现在的自己是告别纠结的第一步

Lesson 18
拒绝美化

我们的身体，你自认为很美，但你真的好好看过吗？头发、体毛、指甲、牙齿、皮肤、血肉、筋骨、骨髓、肾脏、心脏、肝脏、肋膜、脾脏、肺脏、肠道、肠黏膜、胃、大便、脑髓、胆汁、痰、脓、血、汗、脂肪、眼泪、脂肪油、唾液、鼻涕、关节液、小便，所有这些充斥在我们的体内。

我们的身体，脚底之上、头发之下、皮肤之内，充满了这些一点都不美的物体。你要如此去观察我们的身体，你就会感受到，“原来我自认为很美的身体，不过如此而已。”

长部经典《大念处经》

仔细观察，你就会发现人的身体只不过是由内脏、脂肪和血肉组成的块而已。佛陀说得很生动啊。

在佛教经典中，就是这样用非常科学的眼光去看待人类身体的各个部位，并多处告诫我们不要被人体美丽的外表所迷惑。

人类的身体，是由筋骨相连、表皮覆盖着的肉体而已。我们都没有如实地去看待我们的身体。

身体里面有肠道和胃，有肝脏、膀胱、心、肺、肾、脾，有鼻涕、黏液、汗、脂肪、血液、关节液、胆汁，还有油。

身体不断地排出不干净的排泄物。眼睛会分泌眼屎，耳朵会分泌耳垢，鼻子会流出鼻涕，嘴巴会吐痰，甚至吐出胆汁。

还有全身都会排出汗液和污垢。还有，头盖骨中，充满了脑髓。

因此，只有愚钝的人才会不顾事实，偏执地认为人类的身体是美的。

《经集》194～199

我在做冥想指导的时候，经常会强调“请集中注意力去关注你的身体”。把意识集中到身体上去，看上去好像和爱惜自己的身体说的是一回事，其实却截然相反。人们平常都很注重爱惜自己的身体，但很少能集中注意力去关注自己的身体。

把意识集中于关注自己身体的感觉，这样会发生什么呢？感受自己筋骨的活动，感受自己的肌肉位置，感受自己的胃部活动……如此这般，无比细致地去客观观察自己的身体，结果，你就不会对自己的身体过于纠结了。

过度宏观地来看身体，很容易会把现实中对身体的感觉省略掉。游离于身体感觉之外的“思考”就会开始对身体做各种各样的评价。比如说，“皮肤好像出现了衰老的痕迹，想要恢复肌肤的活力。”“老是掉头发，好烦哦。”仅仅是停留在一些表面现象上自寻烦恼。

其实掉头发是一种自然现象，接受事实就好了。

人们总是觉得对于自身身体的衰老，是一件特别大的屈辱。很多男人会介意自己的头发越来越稀疏，很多女性对自己肌肤的衰老抱有强迫性的恐惧。

接下来我们再考虑一下，当我们感到介意和恐惧的时候，我们的内心会发生什么样的变化呢？

“讨厌掉头发。”“讨厌肌肤变得粗糙。”类似这样的思考，其实描绘的是我们内心深处的一种欲望，我们会在脑海里开始描绘自己头发茂密的样子，肌肤光滑的样子。

而这些“头发茂密”“肌肤光滑”的印象，也就是幻觉会把我们的潜在意识唤醒。自身原本应该是为此而苦恼的状态，却有一种心情愉快的错觉。于是我们就会陷入一种消极的思考模式，只能用心情上的愉悦错觉来掩盖自身的苦恼。

可能有的人会觉得这种消极的思维方式没什么大不了的。不过，如果每天都有好几次觉得自己的身体存在这样那样的问题，就会徒增压力，苦恼不堪，内心将无法安宁。

“脚疼，好难受。”“肩膀疼，难受。”“肚子疼，难受。”每次给现实中的身体加以否定的负能量，你的妄想就会不断增强，你的心就会越来越游离于现实中的身体感觉之外。

其实，你只要感觉你的身体就好了。尝试着去练习控制那些消极负面的心理反应，有意识地去控制痛苦感的增加，不去想就不会那么难受了。

体会死亡，可以获得安宁

我们每时每刻都在走向衰老，我们的身体逐渐地变得衰弱。“老化”这一过程，从长远的眼光来看，就是慢慢走向死亡的过程，也是慢慢感悟死亡的过程。接受这一现实，你就安心了。

但是我们的内心深处总是不自觉地带着一种“想要活着”的冲动。所以，每当我们感到身体的某个部位在走向衰老时，我们就会非常苦恼。当我们变成老人，准备随时迎接死亡时，那又将是多么痛苦。在求生的欲望作用下，不惜使用暴力，爆粗口，哪怕给自己和周围人带来伤害也要活下去。这就是人类。

为什么人类会有如此强烈的求生欲呢？因为我们固执地想要让自己的身体维持下去。

每当这时，回想一下佛陀说过的话，那是最好的戒毒药。佛陀说，我们的身体不过是血肉、内脏和体液的集合物而已。

正因为不过是血肉、内脏和体液的集合物而已，所以在我们的身体上考虑过多是没有任何意义的。

人都会在乎自己的身体和容貌，惧怕日复一日容颜的衰老。如果你能明白自己的身体不过是个肉块而已，你就能接受自己的肉体自然地老化，你就能用一颗淡定的心迎接死亡的到来。

我还要再加上一点解释。我们的喜怒哀乐，所谓的“喜”不过是横膈膜的痉挛而已，而所谓的“怒”不过是胃酸的分泌过剩和脑内去甲肾上腺素的分泌以及肝脏的紧张而已，抑或是有一着没一着地瞎想，造成肾脏的紧张而已。

要认识到人原本只不过是一个肉体而已，把多余的无谓的贪恋清零

不仅仅是自己的身体，无论是多么漂亮的美人，无论是多么喜欢的恋人，凡是人，都不过是一个肉体而已。当你清楚地认知到这一点时，你就不会因为对方的美貌而喜欢上对方，也不会因为对方美貌的消逝而抛弃对方。

一旦只看到表面上的美，就会对对方产生深深的依赖，不知不觉沉浸在幻想之中，这个幻想会把自己和对方都束缚住。

和自己一样，对方的身体也只不过是包了一层皮囊的血肉和内脏而已。仔细观察自己的身体，你就能摆脱依赖，防止自己的感情朝着扭曲的方向发展。

不过，当两个人并肩而坐，想象着那只不过是两个并排的肉体而已，可能会觉得有点孤独。如果你能仔细品味这种孤立感，你们之间如胶似漆的感情就能得到重启，你们之间的关系就能重新找到新鲜感。

曾经有过“偶像不会去上厕所”之类的狂言。越是把对方理想化，越是把对方从现实中剥离，这对于对方而言，也是一种负担。

各种偏执正是基于对事实的错误认识而形成的，过度的偏执只会束缚对方。所以，时不时地我们要去想想，对方的身体里有内脏，有脂肪，还有排泄物。

也就是说，无论是自己还是他人，都不要去刻意美化。

你现在的男朋友是律师？
太厉害了！
我喜欢他和他的身份没有关系。
重要的是将心比心！
不过，所谓的身体，每个人都不过是肉体罢了。
哇，看上去体格不错。
和外表也没关系。
……脂肪？
请你说霜降肉好吗！

Lesson 19 凝视自己的身体

你呀，集中你内心所有的注意力，面对你的身体。无论是前进还是后退，清晰地去意识自己脚步的方向。无论是餐具还是服饰，清晰地去意识自己所拥有的。无论是吃是喝还是咬，当舌尖接触食物的时候，清晰地去意识自己在吃，在喝，在咬。哪怕是大小便，也要清晰地去意识自己正在排泄。走路、站立、坐、睡觉、起床、说话、沉默的时候，都要清晰地去意识自己正在走路，正在站立，正在坐，正在睡觉，正在起床，正在说话，正在沉默。

长部经典《大念处经》

这是《大念处经》中关于自身身体的一段话。《大念处经》可以说是一部作为佛教修行之根本的经典。

这段话中所要告诫我们的，不是“如何去操作我们的身体”，而是“对于我们的身体正在做的所有自然而然的动作，要一直保持清楚的意识”。

平常，我们经常会觉得“我正拿着这本书”，但很快就会忘记。佛陀这段话告诫我们的就是要对抗遗忘，强迫自己始终对自己的动作保持一定的意识。

“现在，我正拿着这本书，正拿着……”“现在，我正在动手，正在动手……”从坐的状态站起来时，“现在正在直起腰来，现在正在伸腰，正在伸腰，站起来了，站起来了……”

所有的动作，都要对自己正在做的事情保持清醒的意识。

通过保持意识，集中注意力看待所有正在发生的现象。不再留恋于其他的事和过去的事，也不再为未来的事情而成天做白日梦。始终把心停留在此时此刻这一瞬间。

正在说话的时候，正在用餐的时候，正在擦汗的时候，正在伸腿的时候，正在排泄的时候，正在擤鼻子的时候，几乎所有这些日常的行为，我们都是在下意识地去做，没有刻意地去意识自己的动作。改掉这些下意识的动作习惯，每一个细微的动作都要做到有意识。

当你还无法习惯的时候，你可以把自己所有的行为在心中语言化。作为意识的锻炼，这个方法很有效。

“正在举手”“正在用手摸书”“正在翻开书”“正在翻页”“正在合上书”“正在收回书”“已经收回手了”“正在把手伸向膝盖”“正在把手放在膝盖上”“正觉得热”“能听到车的声音”“正在准备抬脚”……对话的时候也是同样道理，“现在正在说话”“现在，沉默了”“现在，开始说话了”“现在，手正在嘴巴前面摆动”……

只要平常都能把这些一举一动放在心上，就能训练自己对正在做的事情有一个清楚的认知。

如果你想过没有烦恼和痛苦的生活，这一招可谓是特效药。因为，烦恼的理由只有一个，你正在想的事情与你现在正在做的事情无关。

所谓的“想”，就是没有把意识停留在“现在正在做的事情”上，而是在想“下一步该做什么”“刚才发生了那样的事情，讨厌”，等等。这些想法，正是因为你没有把心思放在此时此刻正在进行的事情上，走神了才会产生烦恼。

停止走神，可以把意识保持在现在正在进行的行为上，比如说吃，或者是看，或者是扫除。而且不止是把意识保持在那些大动作上，而是每一个细微的动作都要去意识，集中自己所有的注意力，于是，你就无暇产生其他杂念了。

经过这样的练习，你的心将会变得无比充实，你会感觉重新找到了自我。

正在走路的时候，“现在，抬右脚”“现在，抬左脚”“现在，抬右脚”“现在，抬左脚”。通过把意识集中到现实中的感觉，你就不会再瞎想了。

如果在失眠之夜，你一直在胡思乱想中度过，你可以把意识集中到横躺时的感觉。慢慢地，你就会停止胡思乱想，逐渐进入睡眠。

时刻留意正在发生的事情，这就是“不纠结”“不胡思乱想”的练习。

实际上，这就是“冥想”。对自己正在做的事情时刻保持清醒的意识，那些下意识的行为就会随之消失。随着时间的增加，你就可以成为修行者了。

不要活在梦幻和小说之中，要审视此时此刻的现实

提起自我启发，世间一般评价高的，往往不是基于对现实的认识，而是诸如小说之类的非现实作品。沉浸在非现实的虚幻之中，想象着自己了不起的样子，有违现实中真实的自己，等于是用未来的憧憬来迷惑自己。

可以说，推荐别人看小说，其实是会让对方的现实生活变得不再那么充实。

佛教的主张，与此刚好完全相反。即使是很无聊的事情，也要努力去认知此时此刻的现实，通过把意识牢牢地连接在现实世界中，从而摆脱那些无谓的杂念，获得幸福。

有的时候，我会接到这样的咨询。“无论做什么都无法集中精力。有什么好的有利于集中注意力的好经文可以推荐给我吗？”

一般来说，这个时候可能很多人会自言自语地默念：“自己可以的，自己可以的，自己可以的。”“没关系，没关系，没关系。”“做吧，做吧，做吧。”不过，无论是“自己可以的”，还是“做吧”，这些都绝不是现实。制造现实中没有的事情，那是“想”的功能，具备把心思从现实中转移开的性质。

那么，默念“做吧，做吧”能集中注意力吗？其实，在心中不断默念“做吧，做吧”只会给自己灌输强迫性的观念，只会让自己身心俱疲，肯定

是没有太大效果的。

实际上，反复默念“做吧，做吧”，也是通过重复一个词，来让注意力集中起来，不再考虑其他的事情。不过，比起不断去意识现在正在进行的事情或动作，“做吧，做吧”类似的默念会把心思束缚在一个抽象的概念上。

无论是默念“做吧，做吧”，还是默念“自己可以的，自己可以的”，这些都是把心思放在了非现实的事情上，会增加大脑的负担。

因此，与其念那些非现实的经文，不如吟诵正在发生的现实。

如果你做扫除时无法集中注意力，那就一味地默念“扫除，扫除”，你就可以集中注意力做扫除了。于是，你就会觉得现在正在做的事情其实是挺快乐的。

不要把心思放在过去和未来上，集中注意力关注此时此刻，充实感就会油然而生。

把意识集中到自己现在正在做的事情上，还有个功效是可以消除那些下意识地去做的奇奇怪怪的动作。

比如说，被贫困所逼，想要去抢劫勒索，如果你能意识到自己已经产生了抢劫勒索的恶念，你就不会真的去抢劫勒索了。

当你正在说话时，如果你的手在很烦躁地抖，如果你能意识到“我的手在抖，我的手在抖”，你的手自然就不会抖了。不需要强迫自己去改变，只要把自己下意识中的行为信息输入大脑，那些不好的行为自然就会消失。

通过保持对这些行为的意识，不好的行为自然就会消失。佛教的真髓就是“不去强迫自己戒掉一些坏习惯，而是通过意识让自己的不良行为消失”。这就是“智慧力”。

当你姿势不好的时候，不强迫自己改变姿势，而是将自己“正在弓背”的信息反馈给自己的大脑，自然而然，你就会去调整自己的姿势。当你意识到一直弓着背是件痛苦且不利健康的事情时，你的姿势自然会复原到最佳状态。

有的时候，我们会因为累而导致睡觉的姿势非常奇怪。这些奇怪的姿势会增加我们身体的负担，让我们变得更加疲劳。当你意识到自己扭曲的姿势，你就会打破这样轻松舒服的错觉，自然而然地调整自己的姿势。

这点不仅仅限于我们的身体。

当我们出现某种情绪时，你想强迫自己阻止这样的情绪往往是事与愿违。其实你只要集中注意力审视自己的情绪，这些不良情绪自然就会消失。

紧张时，默念“不紧张”只会让自己更紧张。佛教中讲的方法是集中注意力审视自己紧张的状态，让自己的心意识到紧张的情绪正在让自己痛苦，你就可以很自然地让自己平静下来。

把意识集中到此时此刻，去意识，去感知，这种智慧力可以让我们排除杂念，还可以让我们改掉不良的行为和情绪。

把啤酒杯贴在嘴唇上。
把啤酒含在口中。
咕噜
咕噜
胃部感觉到了一阵清凉。
我在喝啤酒……
我在喝啤酒……
好喝！
新发现！
集中注意力感受自己的身体，觉得啤酒比平常更好喝了！

Lesson 20
不要对外表过于讲究

当你固执地不想让别人看到你现在的样子，当你不停地调整自己的发型，这样做有什么意义呢？

你买好多漂亮而且价格昂贵的衣服，有什么意义吗？难道你想把自己当成一件漂亮的商品卖出去吗？

你所做的这一切是不是除了掩盖自己的内心，无非就是展示自己的外表？

《法句经》394

把自己打扮得花枝招展、一身珠光宝气的，其实未必能获得多少赞扬，这点无须佛陀提醒，很多人心里大概都明白。正是因为明白这一点，所以当我们看到那些过于注重打扮的人，我们未必会觉得“好漂亮”“好美”，我们反而会觉得打扮成这样太张扬太高调了。

有的人，每天都按照时尚杂志上的模板，穿着完美搭配的时装，化着精致的妆容，你说他们这样真的很招人喜欢吗？其实未必。

服装是用来展示自身个性的。

比如说，经常穿带黑白褶边，每天都把自己打扮得像个洋娃娃的人，会给人留下“容易受伤，感情细腻敏感”的印象；喜欢穿带洞洞的黑色皮夹克，会让人感觉到很强势的反抗。以前我喜欢穿带很多裂纹和安全扣的衣服，给人留下的印象就是“被社会虐待过”。

正是这样，过度的时尚，会给人留下特定的印象。

佛教讲究的是，以摆脱对某种特定价值观的依赖为目标。不仅限于佛教实践者，从感性程度一般的人来看，有时也会觉得有的人在穿着上过于暴露自己的内心世界了。

举个例子，前几天，我在电车上遇到一个在嘴唇上贴了带刺的银饰的人。

因为那个嘴唇上的银饰容易刺伤别人，所以这样的打扮给人留下的印象就是危险、难以接近的感觉。如果有的人觉得这样的打扮很酷很帅，故意用这种打扮来营造出一种孤傲清高的感觉，可能正是反向利用了我们的心理。

之所以这么说，是因为有的人觉得媚俗、希望与别人共享是一种令人不齿的人生态度，所以故意装出一副不媚俗的样子，他们可能以为这样一来，别人就会觉得他很酷很帅。

不过，再反过来仔细想想，强烈的反抗其实也是一种媚俗。“我不是媚俗的人，你们明白了吗？”他们觉得“不媚俗”是一种好的人生态度，所以他们选择了这样一种风格来展示自己，其实这就相当于选择了一条不反抗的中庸之路稳步前进。

20世纪90年代，日本的年轻女孩中流行一种不媚俗的恋爱态度。拒绝向男人示好被认为是一件很值得炫耀的事情。当时，大部分日本男人都喜欢肌肤白净剔透的女人，于是，女孩子们就流行把自己的皮肤晒成古铜色，在眼睛周围抹上明显的白色眼影。这些女孩子否定女性杂志上刊登的流行服饰搭配，把自己打扮得又脏又邋遢，一身牛仔地出来逛街。她们把内心最原始的野性全部通过外表展示出来。

可能，这种态度也是一种潜意识中的不媚俗。正因为如此，类似的人才会形成强烈的同属意识。

反之，那些穿着暴露，把自己打扮得特别招男人喜欢的风格，可能就会在同性朋友中留下“媚俗”的印象。

穿带有很多丝带和褶边的衣服，是在强调内心的幼稚，潜意识中是在宣扬“我很柔弱，我是一个特别需要保护的特殊存在”。这样的打扮可能会唤起一部分男人的保护欲，而在同性朋友眼里，可能就会觉得太幼稚了。

如果只是一味坚持自己喜欢的服饰风格，容易把自己固化成特定的精神类型

可是，生活在现代社会，又很难做到完全不在乎自己的外表，完全不讲究服饰。其实我们想想服饰原本的目的，不就是为了最低限度地遮蔽局部，并在寒冷的季节达到保暖的目的吗？

而在现代社会，某种程度上是出于一种礼貌，必须要穿上符合场合的衣服。如果我们每天穿同样的和服，那么再华丽的和服也会显得廉价。而如果你穿得破破烂烂的，可能你就会招到身边人的讨厌，甚至给别人添麻烦，所以必须要改。

先把自己的感情和喜好放在一边，选择符合出席场合的衣服，时刻注意不要让自己穿得容易引起别人的反感。比如说，不穿不干净的衣服，不把自己搭配得乱七八糟，不穿不合身的衣服。因为不恰当的外表和服饰会让人感觉你内心凌乱，会让人感觉到来自你的恶意和威胁。所以，千万要注意。

前面提到的讲究个性和自我主张，也是一种自我内心凌乱的表现。如果只是一个劲儿地穿自己喜欢的衣服，就会固化特定的精神类型。当你用僵硬的服饰包裹自己的时候，别人就会感受到你内心的冷酷与僵化。如果你穿很宽松的衣服，就会给人一种懒洋洋的感觉。

为什么说过于讲究服饰的风格不好呢？因为这与自恋心理有密切关系。想要通过服饰来让别人关注自己，让自己显得比真实的自己更好，说不好听一点，其实就是通过外表来让自己与周围差别化，企图用外表上的伪装来欺骗周围，通过外表来掩盖自己的不足，提升周围人对自己的评价。

很多人把自己打扮得很另类，其实本身未必真的卓尔不群，只不过是想通过这种方式来隐藏自己，让别人来关注自己而已。

而那些总是用华美的服饰打扮自己的人，也是在用美丽的外表来吸引周围人的关注。

不过，一方面想要吸引周围人的目光，一方面内心却又矛盾重重。外表美丽清纯，内心却肮脏不堪。正是因为内心肮脏不堪，所以要用美丽清纯的外表来伪装自己。

与其在服装上花费心思，其实还不如通过修行来净化自己的心灵，这才是贤明的做法。当你努力地去尝试摆脱自己的各种偏好时，内心的混乱也会多少得到一些调整。

因为，自身的形象会根据自己正在做的事情而随时发生变化。比如说，如果你每天都扫除，慢慢地你就会喜欢上扫除，你的心态会随着你的现状不断调整，凌乱的心更是如此。

觉得过于严肃的正装与自己的风格不符，就不穿；觉得可爱的娃娃装与自己的风格不符，就不穿，这样的人太多了。他们把自己束缚在自己的喜好之中，在束缚自己的同时形成了自己的自我主张。

有的女性老是喜欢穿黑色的衣服，那是因为某种契机，形成了自我否定的毛病。原本可能觉得华丽的颜色更适合自己，却刻意想要消除自己身上的女性魅力。可能自身都没有意识到，自己是在努力通过服饰来摆脱自己的固有风格。这也算是一个新的发现吧。

因此，自己适合穿什么样的衣服，问问周围人的意见可能会对自己大有帮助。

自认为适合自己的服饰风格，很多时候往往是对自身形象起到一个补充的作用，未必就真的适合自己，无非只是在通过服饰来补充强调“我是这样的人”“我希望成为这样的人”而已。而事实上并不是真正适合自己的风格。让别人来帮自己选择服饰，可以摆脱自我意识的束缚，仅仅是从适合这个单一的基准来选择，未必不是一个好的方式。

讲到这里，我们未必非得把迄今为止买的衣服统统扔掉，更没必要继续买同一类型的衣服，适当增加一下选择不同种类不同风格的服饰，也许会有惊喜。

小学时代
主题：我很像个大人。
罗马字母
高中时代
主题：我很有活力。
卷发
短裙
袜套
大学时代
主题：我很有个性吧？
耳环
金色短发
设计风格
现在
主题：随意而邋遢。
毛衣

Lesson 21
平静你的呼吸

把自己的感触集中面向自己的身体。

长长地吸一口气时，要意识到自己正在长长地吸一口气，深深地呼出一口气时，要意识到自己正在深深地呼出一口气。

浅浅地吸一口气时，要意识到自己正在浅浅地吸一口气，浅浅地呼出一口气时，要意识到自己正在浅浅地呼出一口气。

细细地体会呼吸给整个身体状态带来的影响，深深地呼气、吸气。

长部经典《大念处经》

这一章，我们将重点讲讲佛教中的呼吸法。

我所理解的佛教最基本的呼吸法要点是，不把呼吸的方法固定模式化，而是按照自身的状况，自然地呼吸并持续地去意识自己的呼吸。

当你专注于自己的呼吸时，呼吸自然而然地就会变得均匀。随着呼吸的平静，内心也很快会达到同样的平静。

当你集中你的心智，感受自然的呼吸时，呼吸自然会变得纤细、平滑、长久而又平静。这就是所谓的“平静你的呼吸”。

想要平静呼吸之前，需要分几个阶段来。

首先要在一定时间内，持续地关注自己的呼吸，不断地去留意自己呼吸的长短和深浅。

人的呼吸状态是会变化出各种状态的。比如说，想要说点什么之前，尤其是感觉到必须说点什么的时候，呼吸一般都会变得短促。当你遇到烦心事的时候，你会“哎”地长叹一口气。反之，当你平静下来的时候，你的呼吸就会变得顺畅、平滑，间隔也会比较长。

你要认识到呼吸就是这样，一直在不断地变化。当你用心去留意自身呼吸的每一个细微的变化时，你的意识就会忽然如醍醐灌顶般觉醒。而且，你的身体状态会变得稳重淡定，你的呼吸也会变得越来越平静。

平静呼吸的秘诀在于，把意识集中到鼻尖那一点，感受自己的呼吸。尽量选择鼻尖一个很细微的点来集中自己的意识，并仔细地感受自己的呼吸。

“凝视自己的身体”这一节中，我们讲到过在心中默念正在做的事情，有利于集中自己的注意力。呼吸的时候，吸气时，在心中默念“吸”，呼气的时候，在心中默念“呼”，这点可能对有些人还是很有帮助的。

上下班路上以及工作时，最好在想起来时把意识转向自己的呼吸。

做到这个程度就可以让自己的心重新找到新鲜感。这种感觉说不上快乐和不快乐，只是在空闲的时候让心停留一下，从而获得一种充实感。

如果把快感调动起来，多巴胺这一脑内神经物质就会开始分泌，大脑就会兴奋，并因此而感到疲惫不堪。而如果引起了不快，去甲肾上腺素这种能制造不快的物质就会开始分析，人就会痛苦不堪。所以，只要利用一下空闲时间，让心停下来，找回平静的状态就可以让自己迅速恢复到良好的精神状态。

坚持这样的呼吸练习法，你的呼吸就会逐渐趋于平静。

专注地去意识自己的呼吸，可以让自己集中精力听别人说话。把意识集中于自己的呼吸，你就不会再意气用事。无论是听别人说话，还是自己说话，都能保持一颗平常心。

还有，当你凝视自己的感情时，为了让自己更加客观地看待自己的感情，你可以试试集中意识关注你的呼吸，你会发现这是一个非常有效的方法。

养成持续关注呼吸的习惯，培养“意念”的力量

一般来说，所谓的叹气，很容易会觉得是厌倦和心情郁闷的时候才会出现。而实际上，我觉得叹气不是有意识地去进行的，当身体的悲鸣提升到超越界限的时候，就会不自觉地叹气，以求尽快恢复平静。在叹气之前，人的呼吸短促，代谢变得很不充分，如果不长叹一口气的话，感情就会变得混乱，就会产生不快情绪，身体就会产生一些有害的毒素。

长叹一口气，心情就会随之变得平静。因此，叹气并不是因为烦躁，而

是潜意识中想要自己平静下来，所以才会叹气。

顺便说一下，正在发怒的人，他们的呼吸里含有有毒的气体，实验证明，把这些气体浓缩到一起可以直接置人于死地。当身体产生有毒的气体时，如果呼吸一直是浅浅的、短促的，就无法把有毒的气体排出体外，人就会变得非常痛苦。

而通过冥想来让心情平静下来，吸气的时候非常的细腻悠长，每次都只吸进去非常微量的空气。当心情变得非常平静时，你会感到身体的活动也变得非常缓慢，也就不是那么需要氧气了。

这是我的假说。精神状态不稳定的人，正处于兴奋状态的人，对氧气的需求量也会增加，于是，老是觉得“缺氧”，不停地吸气而不呼气。这样下去，会怎样呢？因为感觉缺氧而持续地吸气，最终会因呼吸过度而陷入恐慌。

局促的呼吸真的是对自身非常不利的，意识会变得迟钝，以至于认识不到自身的痛苦。

平常，我们的意识不会敏感到能觉察一些很细微的事物和变化。对于呼吸的认识，我们还只停留在诸如厌烦时想要大叹一口气，跑步时呼吸会变得急促，喘息时呼吸会变得困难，等等。也就是说，只有当呼吸带来的刺激已经超越平常的范围，已经能够明显引起快感和不快的时候，我们才会有意识地认识到呼吸。而平常大多数时候，我们对于自身的呼吸状态几乎没有任何把握。

我们的意识需要变得更加敏锐，能够意识到呼吸的长短和强弱变化，甚至能够敏感地注意到自己心绪的凌乱。

当你注意到自己的呼吸开始变得凌乱时，你的内心实际上是具备调整能力的。这就是“意念”的力量、发现的力量。

养成持续关注自身状态的习惯。当呼吸变得不太顺畅时，自己能够及时发现并调整自己的呼吸；姿势不够端正开始给身体带来负担时，自己能够及时注意到并迅速调整自己的姿势。

也就是说，平常当我们的呼吸在不自觉中变得急促时，我们没有及时发现问题。如果能仔细地去体会去感受，把这些感知到的痛苦信息及时传递给大脑，一旦意识到问题所在，身体还是具备一定的自动修复能力的。

而活化这种自动修复能力的秘诀在于，注意到自己呼吸急促时不要忙于强迫自己平静下来，而是平静地去感受自己局促的呼吸。

一旦呼吸变得局促，利用意念的力量，自然而然地去修复调整。自然而然地，你呼出来的气体就会变得悠长，有毒的气体被排出体外，身体的代谢逐渐恢复正常。

如此这般，通过呼吸来调整身心，不仅能够保持心境的平静和安宁，也能保证自己不容易疲劳，甚至对于护肤美容都大有益处。

比如说，当你正在说话时，发现自己的呼吸正在变得局促，你有意识地去关注自己的呼吸，等待呼吸的自然调整。如果无法顺利调整，你可以站起来，尝试调整自己的呼吸。

当你和别人说话，忽然觉得很生气时，有个很好的方法是，你可以暂时离开座位，去洗手间站一会儿，两三分钟过后，通过调整你的呼吸来让波动的情绪平静下来。

当你看到对方的脸，感觉心情烦躁时，当你一听到对方的声音就会莫名其妙地兴奋时，你可以暂停一下，把自己转移到另一个场地，看不到对方的脸也听不到对方的声音，等你心绪平静下来之后再返回来，你就可以冷静地面对对方了。

当你因为兴奋而呼吸变得局促时，我不推荐你强迫自己做深呼吸。你只要发现自己的呼吸正在变得局促，你让自己去接受这种呼吸局促的状态，于是，你的呼吸自然而然地就能调整过来。

深深地吸一口气，是远远不够的。持续地关注自己的呼吸，十到二十次的呼吸之后，呼吸自然就平静下来了。

通过平常对呼吸的关注，运用意念的力量，让自己的呼吸自然地变得平稳。不要用强迫的心理去扭曲自己的心灵，比如说，“必须有个好的呼吸状态”，类似的强制只会适得其反。呼吸的问题只能平静安稳、自然而然地去解决。

正在和讨厌的上司开会
不好好报告的话会出问题的。
叨叨念叨叨念
5分钟后
咦？怎么回来变得精神焕发了？
你刚才一直憋着不敢去洗手间？
为了调整呼吸，暂时退席。
不好意思，可以先去一趟洗手间吗？
去吧！
不是的，我只是去释放一下有毒气体而已……
够了！不用具体报告了！

Lesson 22
识破大脑的幻觉

假设你得了一种很严重的皮肤病，身上伤痕累累，正在被蛆虫咬。你觉得太痒了，忍不住要用手指甲去抓去挠。当你去抓去挠那些痒的地方的时候，你会觉得很爽。你用燃烧的木片碰触自己的患处时，你会发现不那么痒了，感觉很爽。其实这些都是错觉。

因为你的皮肤病，你的感觉天线正在变得紊乱。当火苗碰触到你的患处时，原本应该是一种痛苦的感觉，但因为疼痛感盖住了瘙痒的感觉，你反而获得了一种“爽”的错觉。

与此相似，当我们触碰到心中的欲望之火时，原本也是一件痛苦的事情。

可你无法克制自己的欲望，欲望之火越烧越旺，你反而觉得“不痒了，很爽”。此时你的感觉天线已经变得紊乱了。原本欲望

被碰触是一件很痛苦的事情，但你反而有一种“很爽”的错觉。

中部经典《摩犍地耶经》

据说在过去的印度，得了重度皮肤病的人，无法忍受皮肤的瘙痒，就把木片放在炭火炉里烤，然后用滚烫的木片去碰触伤口。虽然会烫伤，但这种疼痛感会让瘙痒暂时消失，于是他们就感觉很爽。

佛陀问弟子们：“当这些人结束治疗，皮肤病痊愈后再带他们去烤炭火的时候，他们还会愿意烤吗？”弟子们回答说：“不会的，一旦治好了就再不会去烤了。因为火太烫了，用火烤太痛苦了。”

如果是普通的状态，用火烤皮肤只会带来痛苦。不过，得了皮肤病的人在瘙痒的作用下，身体的感觉变得紊乱，相对于瘙痒的痛苦，需要有一种更剧烈的痛苦来掩盖，然后他们就会产生一种错觉，感觉不痒了，很爽。

佛陀说，皮肤病的瘙痒，就好像被一种激烈的欲望所囚禁的挣扎状态。当我们在某种强烈的欲望驱使下，我们会因为贪欲而感觉心情很爽。原本是一种痛苦，可我们却错觉成“爽”，用火烫来抑制皮肤病的瘙痒也是同样道理。实际上，被欲望所驱使这件事本身应该是痛苦的。为了消除这种痛苦，用指甲抓伤口，用火烤身子，反而觉得很爽。

实际上，我在上中学的时候也得过一种叫作脂溢性皮炎的皮肤病。可能是巧克力吃太多了的缘故，总是觉得全身瘙痒，老是忍不住去抓去挠，一挠就感觉很爽。那些抓挠过的地方伤痕累累，因为老是抓挠头皮，头发也掉了好多。全身都被挠得体无完肤，非常痛苦。但因为每次挠都感觉很爽，所以我无法停止抓挠。

正常的状态下，抓挠带来的应该是疼痛感。可是在瘙痒的状态下，感觉麻痹了，所以才会发生错觉。

这只不过是感觉的落差所带来的错觉而已。

2010年夏末，工作上的一个朋友给我发来这样一封邮件：

“今天气温33摄氏度。虽然是33摄氏度，但我却感觉很凉快。不过，这种凉快的感觉不过是落差造成的错觉而已。”

今天感觉到的凉爽，不过是因为连日来的酷暑带来的落差所引起的错觉。这确实是一种非常明智的觉察。仔细想想，33摄氏度的高温下，“凉快”原本是不存在的。

2010年夏天，38摄氏度、39摄氏度的酷暑一直在持续，其间忽然有一天一下子降了5摄氏度，这种落差被神经所认知，于是就会感觉非常凉爽。

不过，当正式进入秋季，每天都是20～25摄氏度气温的话，如果忽然有一天33摄氏度，就应该会觉得非常热。

回想起来，十年前的日本，很少有35摄氏度以上的高温天气，到了33摄氏度就会觉得热得快受不了，因为觉得热，不停地出汗。不过，如果在38摄氏度大汗淋漓的状态下一下子进入33摄氏度的环境，就会感觉非常凉爽，汗都不流了。

所谓的“凉爽”和“酷热”，都只不过是大脑的幻觉和强烈的落差所带来的感觉而已。

身体上的瘙痒，原本是出于一种名为“痒”的刺激，此时，用一种抓挠带来的痛感，也就是不同种类的痛感来给予更强烈的刺激，大脑在感知到感觉刺激上的巨大落差后产生幻觉，这种幻觉就是“被烫了反而感觉很爽”。

人的大脑就是这样，具备经常改造信息的性质，可以把痛苦改换成快乐，把自己身体上遭遇的各种折磨转换成爽快感，制造出一种不符合事实的幻觉。也就是说，我们人类的大脑其实是个大骗子。

让欲望放任自流，只会加剧病情的恶化

佛陀的这段话指出了感觉刺激上的落差，这点在精神层面上也是通用的。

比如说，职场上的A总是态度冷漠，很少和别人打招呼，总给人一种不太好相处的印象。这可以说也算是一种痛苦的状态。不过，这样的A忽然有一天问我："没关系吧？"仅仅是这一句话，我可能就会非常感动，大脑内部开始形成各种幻觉，觉得原来A也有可能是一个很温柔和善的人。我对A的看法可能就此会发生变化。

还有，平常根本就不做扫除的人，忽然有一天过来帮忙打扫，就会给人留下很了不起的印象。印象的落差会给神经带来强烈的震撼。对于那些平常什么都不做的人，偶尔稍微做一点事情，就会给人留下非常好的印象，甚至因此而得到不应当得到的褒奖。这就是因为大脑的欺诈作用在作怪。

再举一个例子，丈夫平常对妻子都不好，妻子的心都已经渐渐远离了。可是忽然在生日那天，丈夫给妻子准备了生日礼物，妻子可能会大为感动，心想："迄今为止，从来都没有给我送过礼物，太高兴了！"于是就会觉得丈夫原来还是很疼爱自己的，因此获得极大的满足感。而实际上，丈夫送妻子生日礼物是一件非常普通的事情，根本不值得如此感激涕零。

还有与此相反的错觉。平常总是把家务料理得非常完美的妻子，偶尔把家务简化了一下，丈夫就会觉得妻子偷懒了。但从平均水平来看，妻子明明是把家务做得很好。

这些都只不过是刺激的落差带来的幻觉而已。这种落差造成的幻觉，让一个原本不和善的人忽然变得和善无比，让一个勤快的妻子在丈夫眼里成了懒婆娘。

因此，我们眼中产生的诸如“这个人很和善”“这个人很冷漠”“今天很热”“今天很凉快”之类的印象绝对不是真相。在感觉的落差作用下，你可以把这些印象全部当作由幻觉形成的海市蜃楼。

还有，我们自身也要留意寂寞和自恋之类的“皮肤病”。

世上，有很多人喜欢一边喝酒，一边借着酒劲无休止地吹嘘自己的过去。在场的人明明都开始翻白眼了，他还在不停地吹嘘自己的业绩。

这样的人，是因为平常没有任何人给予自己好的评价，所以只能自己吹嘘自己，以此来引起别人的关注。但是他越喜欢吹嘘，越是会遭到周遭的排斥。

自吹自擂这件事本身应该是痛苦的，因为强迫自己说很多别人可能根本不想听的话，自己的内心也会变得紧张。这个过程本身原本是痛苦的，从某种意义上来说，这和抓挠自己的皮肤，用火来烤瘙痒处的行为是一样的。

只是原本就有寂寞、缺乏自信的伤口，在这个伤口之上，用“自我吹嘘”的火焰去烤，就会产生“爽快”的幻觉，以至于情不自禁，难以阻止。

而如果任凭这些欲望放任自流的话，只会更加加重自己的病情。用佛陀的话来说，就是“用炭火来烤自己的身体，只会加深伤口的溃烂，甚至让伤口变得恶臭无比”。

为了满足一颗受伤的自尊心而自我吹嘘，反而加重了心灵伤口的炎症，甚至开始散发恶臭，所以我们千万要注意。

最近男朋友变温柔了。
那好啊！
居然连男友劈腿的事也告诉我。
她向我敞开心扉，我真的是太高兴了！
时隔三个月了，终于和我联系了。
还请我喝咖啡了。
你要清醒一点啊！
醒醒吧！

Lesson 23
意见分歧

如果你对于对方的发言，总是喜欢针锋相对地说出自己的意见并与对方争论。那么，无论任何一方都无法获得内心的安宁。

当你形成了把各种意见放在头脑中扭曲、搅拌的毛病，你的心也会被各种扭曲的幻觉和妄想所占据。

一旦陷入这样的怪圈，你将难以理解来自他人的建议和意见，也无法理解我所解说的因果法则。

《经集》276

一般来说，大家都会觉得各种意见交锋有利于产生好的成果，现实生活中也确实存在大量这样的现象。围绕毫无谋略的投资，引起周围的一片驳斥；在会议中故意让大家各持己见，互相争论，如此这般，用发展的眼光来看待不同意见之间的交换，以求达到最佳的讨论效果。不过，如果是“喜欢狡辩”的话，那就不是件好事了。

有的人就是喜欢争论本身。别人话语刚落，他就要立马来个“但是”，然后开始大肆宣扬自己的见解。甚至把“辩倒对方”这件事本身当作目的，以致引起周围人的反感。

为什么会变成这样呢？

当出现反对自己意见的信息时，至少应该先在理解这些信息的基础上，在有必要的情况下再镇定地进行反驳。当心中还有怨气的时候，当场就想反驳什么，很容易就会演变成毫无意义的口角。

这些时候，经常会用到“所以嘛，我刚才不就是这么说的吗”之类的话。仔细想想，类似的话只不过是以在嘴皮子上战胜对方为目的的毫无营养的狡辩词而已。

比如说，不顾周围的反对，非要让某个商品上市。如果结果卖得还不错，可能就会很想说“是吧，我不就是说过肯定会好卖的”。这话一出，肯定会引起与周围人的矛盾，而对商品本身的改进却毫无用处。

可是，我们的天性里存在着这样的基因，总是强烈地认为自己的思考是正确的，总是强烈地认为自己是了不起的。所以我们已经形成了二重构造的思维模式，我们不仅仅是觉得“这个商品好卖”，我们更加觉得“认为这个商品好卖的自己是绝对正确的”。

不过，无论是谁，内心深处的某个角落，都或多或少地抱有怀疑，“这可能只不过是我自己个人的印象，有可能是不对的”。觉得自己应该是正确的，却没有自信。也正因为没有自信，所以特意表现出强势的一面，坚定地发表并企图推进自己的意见。

很有讽刺意义的是，如果内心深处确信自己正确无疑的话，就没必要用很强势的态度去发表自己的意见了。你就会觉得没有必要去争论，你甚至连反驳都懒得反驳。

只有当自己的“心”都还不是非常信服自己的意见时，我们才会不自觉地通过努力说服对方来企图说服自己。当你看到大家被说服的表情时，当你听到周围赞同的声音时，你会感觉很好。因为这个时候你的大脑需要的正是来自周围的认可和赞同。

因此，那些喜欢争论的人，其实是想要通过争论来强行掩盖自己内心的“不足”。所以，他们在表面上喜欢用一些看起来逻辑性理论性很高的语言，甚至带有刺激性和挑衅语气的话语，因此他们喜欢大声地、手舞足蹈地，用一种很强势的气场来试图说服对方，结果却往往会引起对方的反感。

执着于自己的意见，就会难以接受眼前的现实

还有种情况，当对方的意见并不与自己相左时，也觉得非要加上一两句话，否则就觉得心里不舒服。

尽管对于对方的意见是认可的，但因为自身的自尊心处于一种“不足”的状态，所以总想补充一两句其实意义不大的废话。

在饭店里用完餐之后，对方说“这家店味道不错”。虽然自己也觉得味道还可以，却非要说“味道确实还可以，不过服务上还是有点跟不上啊”，或者来一句“服务还不行”之类的，浇盆毫无意义的冷水。

前几天，发生过这样一个事例。

A小姐在自己家里做了些面包，想要请大家一起吃，就把面包带到公司来了。这时，公司的B小姐就问A小姐："这是用从葡萄干里提取的天然酵母粉做的吗？"

A小姐说："很遗憾，用的是超市卖的普通酵母粉做的。不过，没有添加烘焙粉。"听了A小姐的回答，B小姐居然说："是吗？不过实际上从葡萄干里提取酵母是很简单的。在瓶子里加入葡萄干和水，泡一会儿就好了。简单得很，下回可以试试看。"

A小姐原本带自己做的面包来分给大家吃是为了图大家开心的，是希望大家都来关注她做的面包。

B小姐的一番话虽然也是在围绕面包这一话题展开，可是听起来感觉却像是在否定对方，感觉怪怪的。被说的A小姐虽然不至于因为受到了否定而感觉很沮丧，但听了B小姐的话肯定不会那么开心。

可能B小姐的本意是想要推荐更好的东西，但她内心自以为是的感觉太强烈了，所以她无法因为眼前出现的面包而高兴。她过于偏执地认为"比起超市卖的酵母，自己手工提取的酵母肯定更好"，所以她说得太过于直白了。

其他方面，针对别人写的文章的评论，我们经常会说一些完全没必要说的废话。不管对方的意见如何，我们总是会来一句："话虽这么说，不过……"反正我们总是想发表几句自己的见解。

这个时候，与其说是想通过讨论来让事情变得更好，不如说是发表自身意见、造成争论本身反倒成了最大的目的。

自己说明得很清楚，为什么传达不到

当出现与自身意见相反的意见时，虽然嘴上不说，但心里可能会有一番激烈的争论。“他说得不对”“那个人说得太不符合逻辑了”“我还是觉得我是对的”，等等，用诸如此类的话，在自己的大脑内和对方大肆争论。

如果类似的思维模式长期不断地重复，那么自己心中那种自以为是的见解就会越来越深。而随着这种“自恋癖”的不断加深，对与自身意见互补的信息能够得到共鸣，而对与自身意见相反的意见，将很难产生兴趣和共鸣。这种倾向会成为一种固化的思维模式。

而随着自以为是的自恋癖的继续深化，事态将会变得很严重。凡是与自己认为对的信息稍有不一致，不仅无法引起任何共鸣，甚至连认识都懒得认识。

到了这种境界，凡是与自身意见相反的信息，即使是在听，也是这边耳朵进，那边耳朵出，甚至看在眼里也全都当浮云飘过。于是，自身大脑摄入的信息高度不对称，整个人就会变得顽固且难以交流，对信息的读取和接受能力出现严重的障碍。

日常生活中我们也经常遇到这样的情况。无论我们如何简要易懂地去说明，对方就是听不进去。反之，我们自己有的时候可能也会半天听不懂对方到底要说什么，搞得对方很烦躁很无奈。

这就是因为对话题本身就兴趣不大的原因。我们的心已经被幻觉和迷茫的天性所占据了。

顺便说一下，佛教中所谓的法则是指，心灵和身体将会如何发生变化，因为做了A所以会出现B，因为做了C所以会变成D，所有的原因和结果都是联动的。可以说这里包含了非常简单明了的逻辑性。

为什么有的时候我们完全无法理解？那是因为我们的心正处于一种非常凌乱的状态，所以我们只能接受凌乱的内容，我们无法接受梳理好的简洁扼要的内容。为了能够接受逻辑简明扼要的内容，听者的心首先要做到一定程度的明晰。如果听者的心尚处于混乱状态，那么他不可能听进去的。从这个意义上来说，我们在听别人讲解时，最重要的是首先调整自己的心态，不要让自己的心中积淀过多的欲望和怒火。

而当我们要面向别人陈述意见时，我们尽量不要用刺激性的语言，最好是用平实易懂的语言。可能你觉得偶尔用一些能够刺激对方的关键词挑衅一下对方，会更容易传达出自己想说的东西，而事实上那只会适得其反。

刺激对方自我意识的话，包含了一些有悖于利害关系的语言，一旦刺激到对方的心，对方就会对其他的部分都失去认知的兴趣和能力。于是，你真正想要说的，都无法传达给对方。

尤其是想要说服对方时，我建议大家一定要切忌使用带有强烈刺激性的语言，尽量用平实、平易近人的语言，才能达到理想的效果。

我想吃这个甜甜圈。
好吃！
要买的话需要排队等50分钟。
Creamy Donuts
是吗？让我等一个小时我都愿意。
嗯。
哎！虽然好吃，但要等50分钟值得吗？
几天后
咦？
现在只需等40分钟
啊……嗯……还是值得排40分钟啦……

Lesson 24
戒骄戒躁

当别人非常坚定地批判你，告诉你你的意见是错的时，你会间接地想要给对方留下“我是正确的”印象。在你自己的大脑内，你会形成一种自以为是的思维模式，“你错了，我才是对的”。长此下去，你的性格也会变得自恋而又好胜。

那是因为我们的大脑中存在着“自认为正确，自认为完美”的错觉。这些错觉可以让你在自己的大脑里让自己当王子，而现实中，你却成了大家眼里难以接近的悲惨的贫民。

《经集》888～889

我们都有自以为是的倾向，尤其是一些有资历的人，连聆听别人意见的心情都没有。对于想法与自己不同的人，就会条件反射式地断定“那是绝对不行的”。

而实际上，那只是我们自己的大脑内扭曲的偏见而已。我们的心里总是自以为“我之所想，皆为真理”。因为，我们无法否定此时此刻自身的想法。我们可以订正说：“刚才我的想法是不对的。”但我们还是会觉得“订正后我的想法是对的，能自我改正的我是了不起的”。我们总是觉得自己最新的想法都绝对是正确的。

不过，在我们内心深处的潜意识里，我们未必敢说我们的所思所想是绝对正确的。我们想认为自己是正确的，可我们又不敢认为。于是，为了掩盖自己自信的不足，我们会产生“想要拥有绝对自信”的冲动。

在争论中，经常会出现有的人忽然就说不下去了。其实周围人也没有反驳他，但别人的反馈热度可以大大削减他的自信心。他甚至会很极端地说：“算了算了，我还是放弃吧！”

举个例子，乐队组合一般都有过合作默契的时期，但最后大多宣布解散，分道扬镳。

对于那些想要做自己真正想做的事情的艺术家来说，自尊心都尤其地高，而且很敏感，很容易受伤，所以才会经常发生这种事情。当其中一些成员热情地发表自己对于乐队的发展方向的看法时，如果其他成员反应冷淡，就会开始觉得不愉快，为什么大家不一呼百应呢？为什么我要顺从大家的意见呢？当自以为是的想法受到威胁时，自信心就会受伤，就会想要毁掉或放弃一切。

欲求无法满足的时候就会产生破坏欲

日常生活中，也经常会发生类似的事情。

和恋人说想要一起去野餐，很想把日程马上定下来，可恋人的兴致却不高。自己这边很想马上敲定，可对方却说："野餐？下个月也许能去。"于是，自尊心大大受伤，干脆就说："算了，不想去就不要去了。不就是个野餐吗？有什么了不起的，不去就不去呗。"虽然对方兴致不高，但也没说不去啊。可是觉得对方没有和自己抱有同等程度的热情，于是就陷入了一种不安。

原因就在于自认为"自己主张去野餐的想法是非常棒的，对方理所当然地要支持"，而一旦对方没有用同等的热情来表示赞同，就会觉得很烦，心情很不好。自己觉得很棒的一个想法，对方却不以为然，也就是说对方并不觉得"我的想法是对的"，这就是冲突的根源所在。

再来举一个例子。妈妈对孩子说："今天我们吃肉饼吧。"她想孩子肯定会非常高兴地说："哇，好啊，终于要吃肉饼啦。"至少孩子说句"吃肉饼好"，也比孩子说"肉饼还是算了"听起来要舒服得多。因为妈妈觉得自己要做肉饼的想法是对的。

如果孩子觉得很高兴，那说明自己做的饭孩子很喜欢吃，自己作为母亲能获得莫大的自我满足感。

为什么我们总是如此希望通过别人来证明自己是正确的呢？说来说去还是因为对于自己的想法不够自信而已，我们是在利用别人来给自己增加自信。

所以，我们会有强烈的欲望，希望通过周围对自己的评价来增加自己的自信。而一旦这种欲望得不到足够的满足，我们就会产生自暴自弃的冲动。

哪怕别人并没有反对，仅仅是兴致没有我们预期的那么高而已，我们也会觉得没有得到全面的赞同，索性放弃好了。

正是因为我们想认为自己是正确的，而内心深处却还没有完全信服，所以我们会依赖从别人身上获取自信。如果A赞同我的意见，那说明我的意见是正确的。如果B也说这个想法对头，C也说靠谱……我们会不自觉地强迫自己增加同伴来验证自身意见的正确性。

要修炼出一颗不被外界变化所左右的平常心

经过这番考察和论证，我们可以想象“拥有自信”实际上是一件多么危险的事情。

一旦有什么成果，就表扬自己。一旦得到某人的赞同，就表扬自己。于是，我们就会觉得很高兴。拥有自信就是通过这样不断地给自己附加条件来实现。这样虽然能获得一时的安心，但实际上内心却未必真正能够安宁。

因为“如果进展得顺利，就是对自己的认可”，这是有一个附加条件的，也就是说自己一直要面临这样一种威胁，“如果进展得不顺利，自己就无法得到认可”。

尤其是那些自认为完美的人，万事如意时觉得“自己很有能力”，自信满满。当生活事业各个方面都按照自己的意愿顺利推进时，就会浑身充满满足感，觉得自己没有什么做不到的，直到真的有一天遇到了自己无法掌控的事情。

然而我们在某项工作成功之后获得的自信，在下一项工作中可能未必就能事事顺心，我们很有可能随时会遇到敌人和障碍。

当我们直面逆境时，越是有自信的人，越是有掌控感的人，越是容易在仅有的一次失败面前被全面击溃。他无法客观地意识到自己迄今为止取得了如此多的成功，这次失败只不过是自己辉煌人生中的一道小坎儿而已，他会觉得失败就是眼前的全部。于是开始陷入一种自责自我否定的思维怪圈。在自我烦恼的过程中耽误了思考解决办法的时间。而如果没有以自信为前提的话，即使遇到点困难，也不会受伤如此之深，而是会客观地去分析问题，尽快想出解决的办法来挽回失败。

那些总是习惯用成败来评价自己的人，对于外界的变化，性格上会变得脆弱得不堪一击。

不要依赖这些条件，不要被外界的变化所左右，这就是平常心。是真正意义上的不动摇，坚守自身，无论发生什么都没有问题。

无须“相信自信（也就是增加自己的自信）”，也无须自我否定，这就是心灵充实的状态。不会因为得到什么，成就了什么，周围的人给予了多少赞同，就觉得自己有多了不起。这就是无条件的贤德与智慧之所在。

我们要认识到，靠伤害周围人的自尊、削弱周围人的自信来提升自我评价的做法，正是没有平常心的危险的条件反射。让我们回到镇定自若的状态，这才是“脚踏实地”的本质所在。

这个发型是怎么回事……
哇，很适合你啊！
是吗？
您又呈现出了新的魅力！
你的发型怎么啦？
真漂亮啊！
怎么了？真漂亮？那是夸奖的话吗？
平常心！

Lesson 25
准备迎接死亡

当我们叹息生命的流逝时，我们的心会变得混乱，我们会感觉很受伤。悲痛无论是对自己还是对对方，都不会产生任何好的效果。悲痛让内心彻底失去了安宁的基础。不仅如此，对死亡的悲痛让生者更痛苦。

悲痛的毒素会给自身的肉体带来折磨，加速肉体的衰老。而悲痛对已逝之人没有任何好处。因此，悲痛是毫无意义的。

我们周围的人，因为各种各样自身造成的孽相继逝去。而我们这些活着的人，也早晚要面对死神。

不管人们有多么地“不想死”，结果都难免一死。当你参加葬礼的时候，你要意识到，总有一天你自己也会像眼前这个人那样倒下再也起不来。

《经集》583～588

我们的心，总是非常喜欢陷入一种多愁善感、自我陶醉的状态，一旦发现有了可供陶醉的素材，我们就可以在很长一段时间内沉浸在自己营造的情感状态中无法自拔。

当身边亲近的人离世时，我们的心会忽然像被掏空了一样，我们沉浸在悲痛之中，每天泣不成声，悲痛不已。这也可以说是自我陶醉的一种模式。

在日本社会中，陶醉于悲伤的情绪之中被认为是凄美的。因为很想念逝去的人，所以才会悲痛、伤心不已。反之，如果不悲伤的话，可能就会被说成是薄情的人。

不过，无论表面上如何凄美地悲痛，所谓的悲痛，从内心的能量来讲，就是一种抵触情绪，“不愿意接受现实”。这与发射“愤怒”的能量没有什么区别。

而作为悲伤的结果，自己的身体产生大量不快乐的物质，以至于过度悲伤痛苦时，可以让满头乌发一夜之间变白，可以让年轻的容颜在一夜之间布满皱纹，让肌肤和头发失去光泽，还会出现消化系统的紊乱等各种状况。

可以说，悲痛的状态就是自己折磨自己的身体，自找苦吃的状态。

而悲痛能给逝去的人带来什么呢？除了悲伤、痛苦、怨气，除了这些负能量的磁场外，什么也没有。

对于逝去的人来说，向他们发送悲痛的磁场对于他们没有任何益处。所以我们为逝去的人悲伤痛苦，除了摧毁自己的身心之外，还会给对方带来负能量。

可是，我们却总是误以为，我们对自己身心的摧残行为是在“为了对方”。

当参加葬礼时，如果逝者的家属只是肃穆地站着接受亲人的逝世，不掉一滴眼泪，可能就会有人责怪说：“那位太太看起来好像一点都不伤心。”这好像是一种所谓的文化符号，世间好像普遍都是这么认为的。

作为逝者的家属，必须痛哭流涕，必须悲痛欲绝……这好像是一个世间默认的潜规则，每个人都不得不这样去做。

而这一潜规则的背后，可能也会有很多人觉得不安。“也许我死后谁也不会为我而悲伤。”每个人都希望自己死后，周围所有的人能为自己悲伤，为自己痛苦。这其实就是一种自私的“欲望”。

如果自己死了，有的人会扼腕叹息，也许其中一些人可能会心痛到身体崩溃，这就是自己生存的价值所在。

而实际上，自己死后身边的人会如何反应，自己是绝对不可知的。

这样的欲望，是死者在有生之年的心灵扭曲的体现。而这种心灵的扭曲，每个人或多或少都会有。我们也都知道别人也有这种扭曲的心态，所以这种现象才会成为一种文化流传下来。所有的人通过对悲伤的表达，保持和这种文化的一致。“我是想念逝者的，所以我很悲痛”，通过把这一信息发送给周围，同时让自己陶醉于悲痛的情绪之中。

这种自我陶醉有一个很大的名分，就是我是好人，我很想念逝者。“无法接受对方的逝去”就是“对逝者最大的念想”，这个概念在世人心里已经根深蒂固了，很难轻易放手。

比悲伤更重要的是，拥有一颗慈悲的心

“面对逝去的人，如果不悲痛就等于薄情。”仔细来琢磨一下这个概念，可以极端地说，就是“幸存的人，都应该受苦受累，都应该为伊消得人憔悴”。也就是说悲伤是一种美德，大家都应该去受苦，去折磨自己。

“自己死去后也希望能有人为自己悲痛欲绝，甚至为自己的逝去而形容枯槁。”这是多么恐怖的心理，可是在我们各自的内心深处，都隐藏着这样的想法。

反过来说，被这样的概念洗脑之后，想要不悲伤，还可能真需要点勇气。“如果我不悲伤，我就被看作是薄情的人了。”被这种自我怀疑的心情侵袭也是可以理解的。

“薄情等于对逝者毫无兴趣，所以不会悲伤。”“正是因为非常看重逝者，所以不被悲伤和悲愤的情绪所感染，保持一颗慈悲的心，不悲伤。”这两种心态似是而非。前者是对于逝者的冷漠和无视，而后者则是稳重地表达对逝者的思念。

对待逝去的人，我们应该保持一颗温柔温暖的心，对于“死”这一突如其来的噩耗，用一种更冷静更现实的方式去面对。

“人都难免一死”，真的。与自己无关的人的逝去，可能对我们的心情没什么影响，而亲近的人的逝去，更能让我们直面“人确实难免一死”这一严峻的事实。

所谓“死亡”，对于内藏在我们人体DNA内的生存本能来说，是最大的威胁。我们总是觉得“我不想死，我希望自己能够优先活下来”，这完全是生存本能的驱动，哪怕让别人替自己死，也要让自己能活下去。这就是很多痛苦竞争的根源。

所有的痛苦，终究都是在“不想死，不想看到死”这一生存本能所支配下产生的。

如果我们能够真正理解“人，百分之百都是要死的”，我们就不会为了做有利于自身生存的事，不惜给别人添麻烦。于是，我们的心灵就能告别凌乱的状态，找到真正的安宁。

这么一想，接纳“死亡”，就是摆脱DNA支配的一大解毒剂。

不过，当生命中最重要的人离开人世时，还是很难立刻接受这样的想法的。

所以，重要的是要从平常开始就了解死亡，觉悟死亡。在之前“拒绝美化”这一节中，我们讲过不要过于看重自己的身体，要从平常开始就好好理解其中的深意。

身体终究是要衰老的，人终究是要死的，走向死亡是一个理所当然的过程。死亡并没有我们想象中的那么重大。

“正如之前所听说的，这个人死了，我也终究是要死的。”看到这些事实就好了。借助每一个逝者离去的契机，不断加深对“自己也总归是要死”这句话的理解。

这不仅仅有助于接受逝者的离去，也能消除自身对死亡的恐惧。当有一天自己也要面对死亡的时候，能够不那么痛苦，安安稳稳地准备迎接死亡。

这就是上文我们讲到“想要活下去”这一生存本能的解毒剂，我把它奉献给大家。希望大家在身边重要的人去世的时候，能够以此为契机，获得自我的成长。这种成长本身才是献给逝者最好的花。

接受死亡的事实，也就是在训练不要制造“悲伤”“痛苦”的感情。

坚持这样的训练，对于自己直面死亡很有好处。到时候，自己就不会再经历“不想死”的精神折磨，安安稳稳地接受死亡，迎接人生的最后时刻。

正如19世纪的日本禅师良宽所言：“生前生后无一物，唯有春花夏鸟和秋叶。”欣然接受死亡，迎接人生的终点，只要今生今世灿烂过就好。

那个人也是。
这个人也是。
100年后，
谁也不在了。
我也是。
想通这一点，
心里就涌现了
要努力
活在当下的勇气。

出版说明

佛陀逝世后，他的弟子们会合在一起确认编辑而成的佛陀的言行录，被称为原始佛典。根据经文典籍的长短和主题，分成《小部经典》《中部经典》《长部经典》《相应部经典》《增支部经典》等几大类。

本书中引用较多的《法句经》《经集》等均是收录短句为主的经典典籍，属于《小部经典》。

这些经典经文中的古文，日文版作者用现代读者比较容易接受的语言风格进行了翻译。这就是本书中刊载的佛陀语录的来源。

日文版的著者对佛陀的语录进行了大胆的省略删减，也补充了很多有助于理解的说明，是一种自由的意译的形式，将佛陀语录完全现代化了。

——小池龙之介

文治 wénzhì
微博：http://weibo.com/wenzhitushu
小站：http://site.douban.com/wenzhi

做好书